家常小炒

徐湘婷 编著

U0197998

团结出版社

图书在版编目（CIP）数据

家常小炒 / 徐湘婷编著 . -- 北京：团结出版社，
2014.10（2021.1 重印）
ISBN 978-7-5126-2307-1

Ⅰ . ①家… Ⅱ . ①徐… Ⅲ . ①家常菜肴—炒菜—菜谱
Ⅳ . ① TS972.12

中国版本图书馆 CIP 数据核字 (2013) 第 302594 号

出　　版：团结出版社
　　　　　（北京市东城区东皇城根南街 84 号　　邮编：100006）
电　　话：（010）65228880　65244790（出版社）
　　　　　（010）65238766　85113874 65133603（发行部）
　　　　　（010）65133603（邮购）
网　　址：http://www.tjpress.com
E-mail：65244790@163.com（出版社）
　　　　　fx65133603@163.com（发行部邮购）
经　　销：全国新华书店
排　　版：腾飞文化
图片提供：邴吉和　黄　勇
印　　刷：三河市天润建兴印务有限公司

开　　本：700×1000 毫米　1 /16
印　　张：11
印　　数：5000
字　　数：90 千字
版　　次：2014 年 10 月第 1 版
印　　次：2021 年 1 月第 6 次印刷

书　　号：978-7-5126-2307-1
定　　价：45.00 元
（版权所属，盗版必究）

您是不是非常钟情于可口、精致的小炒？您是不是很想学几道超人气小炒来赢得众人羡慕的眼神？爽口的青菜怎样炒才能既美味又漂亮？畜肉、禽肉怎样炒才能更加诱人可口？各种海味如何炒制才更加鲜美营养……

打开本书，您可以学到厨房里最常见的多种食材的家常小炒做法，包括蔬菜、畜肉、禽蛋、水产、菌类、豆制品，应有尽有。简单的食材，一洗，一切，一炒，几分钟就做出色、香、味俱佳的菜肴，顿时满屋的肉香、菜香、酱料香让您胃口大开，垂涎欲滴。百变的食材，营养的搭配，为您一一道来；荤素组合，吃出健康，为您餐桌翻新！在这里，编者精心为您编写出每一款可口的小炒，每种菜品都详细介绍了操作方法、操作要领等，并搭配精美的图片。精彩、准确的菜品点评，让您还没吃就先被勾起了食欲；详细的步骤，即使您不会做饭，也可以从零开始学厨艺，快速掌握多种家常小炒的做法。

家常小炒

此外，本书在介绍小炒制作步骤的同时，更添加了烹饪时间、营养贴士等相关知识，让您在吃到美味的同时，也吃出健康！

希望本书提供给您丰富多样的小炒菜式，能够让您天天都有拿手菜上桌，轻松成为小炒高手；让每一餐都成为全家人尽享美食的味蕾之旅，让您和家人时时都能感受到其乐融融。

前言

家 常时蔬小炒

目录

Contents

家 常畜肉小炒

目录

家 常禽蛋小炒

Contents

家 常水产小炒

目录

Contents

 常菌类小炒

目录

Contents

 家 常豆制品小炒

 目录

Contents

★ ★ ★ ★ ★

家常时蔬小炒

★ ★ ★ ★ ★

 美味**竹笋尖**

TIME 18分钟

菜品特点
营养美味
口感脆嫩

- **主料：** 竹笋尖 100 克
- **配料：** 木耳 20 克，香菜、红尖椒各 5 克，植物油 30 克，精盐、味精各适量

操作步骤

①将竹笋尖洗净放入锅中，加适量水，用旺火煮沸，10 ~ 15 分钟后捞出，过凉水洗净，沥干水分；红尖椒洗净切条备用；木耳泡发备用；香菜洗净切段备用。

②把炒锅洗净，置于旺火上，下植物油烧热，放入竹笋尖、红尖椒翻炒，加适量水，焖 20 分钟左右，竹笋尖熟后，加入木耳、精盐、味精略微翻炒几下，

最后撒上香菜起锅即成。

视觉享受：★★★
味觉享受：★★★★
操作难度：★★★

操作要领

竹笋尖食用前应先用开水焯过，以去除笋中的草酸。

营养贴士

竹笋尖是竹笋最有营养的部分，可以单独烹饪。

视觉享受：★★★ 味觉享受：★★★ 操作难度：★★

醋溜辣白菜

TIME 10 分钟

菜品特点
酸味十足
香辣可口

> **主料**：白菜嫩帮适量
> **配料**：干红辣椒 3 个，植物油、醋、老抽、糖、盐、鸡精、蒜、淀粉各适量

操作步骤

①白菜帮洗净切片；干红辣椒洗净切段；蒜切碎；空碗中加入醋、糖、老抽、鸡精、淀粉，倒水兑成料汁。

②锅置火上，倒入植物油，七成热时下辣椒、蒜末爆香，倒入白菜翻炒，加食盐调味。

③倒入料汁，以大火快速翻炒至黏稠即可。

操作要领

如果感觉辣味不够，可以增加红辣椒的数量。

营养贴士

白菜不仅对预防乳腺癌有效果，还具有护肤和养颜的功效。

> **主料**：水发黑木耳、黄瓜各适量
> **配料**：胡萝卜少许，植物油、食盐、蛋清各适量

操作步骤

①水发黑木耳洗净，放入沸水中焯一下；黄瓜洗净切片；蛋清打散，加盐搅匀；胡萝卜洗净雕花。

②锅中倒油，油热后倒入鸡蛋清翻炒，然后盛出。

③锅中倒油，油热后倒入黑木耳、黄瓜片、胡萝卜翻炒，最后加入炒好的蛋清炒匀，加盐调味即成。

操作要领

炒鸡蛋清一定要迅速。

营养贴士

黑木耳具有润肺补脑、补血活血的功效。

视觉享受：★★★ 味觉享受：★★★ 操作难度：★★

芙蓉木耳

TIME 10 分钟

菜品特点
色彩丰富
香嫩可口

奶油菜心

TIME 8分钟

菜品特点
奶白菜翠
色泽极佳

● **主料**：油菜心 250 克，牛奶 50 克

● **配料**：火腿 20 克，盐 2.5 克，味精、米酒各 1 克，鸡汤、猪油各 20 克，鸡油少许，淀粉 0.5 克

似说享受：★★★
味觉享受：★★★
操作难度：★★★★

操作步骤

①油菜心洗净，滤干水分；火腿去皮切丁。

②锅中倒猪油，油热后倒入菜心煸炒，倒入鸡汤，加盐、味精和米酒，用小火煮约 2 分钟，再用淀粉勾芡。

③将牛奶倒入锅中搅匀，淋入鸡油出锅装盘，最后撒上火腿丁即可。

操作要领

购买油菜时要挑选嫩一些的。

营养贴士

油菜含有蛋白质、维生素等多种营养元素，具有活血化瘀的功效。

视觉享受：★★★　味觉享受：★★★　操作难度：★★

油豆腐炒白菜

TIME 15分钟

菜品特点
酸浓味醇
清淡可口

> **主料：** 油豆腐、白菜各适量
> **配料：** 植物油、食盐、鸡精各少许

操作步骤
①白菜切片。
②锅置火上，倒入植物油，油烧热后倒入油豆腐翻炒片刻，然后加入白菜同炒。
③待炒熟后，加入食盐、鸡精即可出锅。

操作要领
加入白菜后，以大火翻炒为宜。

营养贴士
油豆腐富含蛋白和多种氨基酸，具有补虚养血的功效。

> **主料：** 茼蒿梗 100 克
> **配料：** 植物油、葱、姜、蒜、味极鲜、盐、味精各适量

操作步骤
①茼蒿梗洗净；葱、姜、蒜分别切末备用。
②锅中热油，下入葱、姜、蒜末爆香，滴几滴味极鲜，倒入茼蒿梗翻炒，加盐调味。
③出锅前加味精炒匀，淋上少许香油即可。

操作要领
此菜以大火爆炒为主。

营养贴士
茼蒿富含多种氨基酸，具有润肺补肝等功效。

视觉享受：★★★　味觉享受：★★★　操作难度：★★

蒜香茼蒿梗

TIME 5分钟

菜品特点
颜色翠绿
口感清爽

TIME：10分钟

菜品特点
色美味香
口感较嫩

干煸苦瓜

- **主料：** 苦瓜 400 克
- **配料：** 豆豉适量，植物油 20 克，精盐 1 小匙

视觉享受：★★★★★
味觉享受：★★★★★
操作难度：★★★★

操作步骤

①苦瓜切片待用（如果有充裕的时间，可放适量精盐腌十分钟，待变软后充分挤掉水分）。
②锅置中小火上烧热，倒入苦瓜片煸焙至软黄后起锅待用。
③锅中放油烧至七分热，倒入苦瓜片和适量精盐、豆豉炒 1 分钟后起锅即可。

操作要领

如果苦瓜片是腌过的就不用放精盐了。

营养贴士

苦瓜有清热祛心火、解毒、明目、补气益精、止渴消暑、止痛的功效。

视觉享受：★★★ 味觉享受：★★★ 操作难度：★★

素炒玉兰片

TIME 10分钟

菜品特点

口味清雅
脆而易化

主料： 玉兰片250克

配料： 大葱少许，食用油50克，胡椒粉、精盐、味精、水淀粉各1小匙

操作步骤

①玉兰片放入清水中浸泡片刻，捞出切片；大葱洗净切丝。

②锅中热油，六成热时倒入玉兰片翻炒，再倒入葱丝翻炒，加味精、精盐、胡椒粉调味。

③出锅用水淀粉勾芡，炒匀即成。

操作要领

玉兰片也可以用淘米水浸泡。

营养贴士

玉兰片富含蛋白质、维生素和碳水化合物，具有定喘消痰的功效。

主料： 茄子500克

配料： 瘦肉100克，青椒、红椒各50克，白糖5克，麻油少许，郫县豆瓣酱2小勺，盐3克，生抽、老抽、蚝油、醋、姜、葱、蒜、植物油、干淀粉各适量

操作步骤

①茄子洗净，横切成两半后切竖条，放入盐水中浸泡10分钟，捞出沥干水分，撒一些干淀粉拌匀；青椒、红椒洗净切长条；瘦肉洗净切丝；葱、姜、蒜切末。

②盐、干淀粉、生抽、老抽、蚝油、醋、糖、麻油加适量水调成汁备用。

③锅中放油烧七成热，放入茄条，炸软后捞出；炒锅内留少许底油，放入姜、葱、蒜末爆香，放入瘦肉炒至断生，加郫县豆瓣酱和青、红椒翻炒，放入炸好的茄子同炒，最后倒入事先调好的调味汁翻炒均匀即可。

操作要领

因为豆瓣酱是咸的，所以加盐时要注意用量。

营养贴士

茄子含有蛋白质、脂肪、碳水化合物、维生素以及钙、磷、铁等多种营养成分，常吃茄子，可使血液中胆固醇水平不致增高，对延缓人体衰老具有特殊的功效。

视觉享受：★★★★ 味觉享受：★★★ 操作难度：★★★

鱼香茄子

TIME 20分钟

菜品特点

甜而不腻
辣度适中

TIME 10分钟

菜品特点
营养丰富
清淡爽口

肉末菠菜

🔁 **主料:** 猪肉末50克，菠菜100克

🔄 **配料:** 酱油、料酒、盐、味精、白糖、胡椒粉、蚝油、香油、淀粉、姜末、蒜末各适量

视觉享受：★★★
味觉享受：★★★
操作难度：★★

🍳 操作步骤

①菠菜择洗干净，放入沸水锅中焯透，捞出沥干水分，晾凉后放入盘中。

②锅中热油，八成热时倒入肉末翻炒，炒至变色加入姜末、蒜末，再加入少量清水、酱油、料酒、盐、味精、白糖、胡椒粉、蚝油。

③肉末煮沸后用淀粉勾芡，滴几滴香油，出锅，淋在菠菜上即成。

🥄 操作要领

菠菜焯熟可以去除菠菜中对人体无益的草酸，同时可除去其表面携带的病菌等有害物质。

👉 营养贴士

菠菜富含维生素、铁、钙等营养元素，具有活血润肠、补肝益肾的功效。

视觉享受: ★★★ 味觉享受: ★★★★ 操作难度: ★★★

红烧茄子

TIME 16 分钟

菜品特点

酥软香嫩
鲜香适口

○ **主料**: 紫茄子 750 克, 瘦肉 100 克

○ **配料**: 红椒 1 个、香菜、白糖、水淀粉、味精、植物油、盐各适量

操作步骤

①茄子去把、去顶, 切成 5 厘米长的条状; 瘦肉洗净, 切成丝; 红椒洗净切条; 香菜洗净切段备用。

②起热锅, 放入植物油, 待油烧至六成热时, 将茄子条倒入油锅内, 炸干水分后, 倒入漏勺, 沥去油。

③锅内留少许余油, 将肉丝下锅炒散后, 加入茄子, 炒匀, 最后加入红椒, 加盐、白糖、味精, 下水淀粉勾芡, 起锅装盘, 撒上香菜即成。

操作要领 ◀◀◀

此菜, 茄子选紫茄子为佳。

营养贴士

茄子紫皮中富含维生素 E 和维生素 P, 可保护心血管, 适用于防治慢性病; 维生素 E 可防止出血, 抗衰老。

○ **主料**: 芸豆 400 克

○ **配料**: 干辣椒、蒜末、酱油、盐、味精、花椒、植物油各适量

操作步骤

①芸豆择洗干净, 去老筋, 切段。

②炒锅置火上, 入植物油烧至六成热, 下入芸豆稍炸, 捞出控油。

③锅内留底油烧热, 下入花椒、干辣椒、蒜末, 再放入芸豆, 加盐、味精、酱油一同干煸至芸豆熟软, 起锅盛入盘中即可。

操作要领 ◀◀◀

此菜芸豆要先炸再炒。

营养贴士

本菜品具有保健养生、美容养颜的功效。

视觉享受: ★★★★ 味觉享受: ★★★ 操作难度: ★★★

干煸芸豆

TIME 10 分钟

菜品特点

外焦里嫩
肥鲜适口

辣空心菜梗

TIME 10分钟

菜品特点
口感微辣
清脆爽口

主料： 空心菜 100 克，猪肉 30 克

配料： 红辣椒 1 个，生抽、盐、鸡粉、香油、蒜末各适量

视觉享受 ★★★
味觉享受 ★★★
操作难度：★★

操作步骤

①空心菜除去叶子，将菜梗洗净切小段；猪肉洗净切小片；红辣椒切小片。

②锅中热油，油热下入蒜末和辣椒爆香，再倒入猪肉炒至变色，加入菜梗翻炒，加入生抽、盐调味，炒熟后加入鸡粉炒匀，最后淋上香油即可出锅。

操作要领

烹饪此菜，最好选择嫩一些的菜梗，老的菜梗一般很难用手折断。

营养贴士

空心菜富含粗纤维，具有清热解毒的功效。

视觉享受：★★★ 味觉享受：★★★ 操作难度：★★

豆豉茄丝

TIME 10 分钟

菜品特点
味道鲜香
辣味适中

主料： 茄子 100 克

配料： 红辣椒 30 克，葱花、植物油、食盐、豆豉各适量

操作步骤

①茄子洗净切丝；红辣椒洗净切丝。

②锅中倒入植物油，加入葱花爆香，倒入茄丝翻炒；茄丝稍微变软后再加入豆豉、食盐和辣椒丝，炒熟出锅即可。

操作要领

翻炒以旺火为宜。

营养贴士

茄子营养丰富，具有抑制胃癌和盲肠癌的功效。

主料： 苋菜 500 克

配料： 植物油、盐、鸡精各适量

操作步骤

①苋菜摘去老梗，洗净备用。

②炒锅置火上，加植物油烧至八成热，下苋菜翻炒，加入盐、鸡精炒熟即可。

操作要领

清洗苋菜时，要轻揉数下。

营养贴士

苋菜具有清热利湿、凉血止血等功效。

视觉享受：★★★ 味觉享受：★★★ 操作难度：★★★★

清炒苋菜

TIME 8 分钟

菜品特点
鲜美可口
十分营养

脆炒南瓜丝

TIME 8分钟

菜品特点
清脆爽口

➡ **主料:** 嫩南瓜 500 克

🥢 **配料:** 枸杞少许,盐3克,菜油、味精各适量

视觉享受: ★★★
味觉享受: ★★★★
操作难度: ★★

🍳 操作步骤

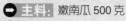

①南瓜洗净去皮,取肉切成细丝。

②锅置火上,倒入菜油,油热后加入南瓜丝,以大火爆炒约3分钟,加盐、味精调味。

③加入枸杞再翻炒两下,出锅即成。

🥄 操作要领

南瓜丝不宜炒太久,炒老会破坏清脆口感。

👉 营养贴士

南瓜富含蛋白质和碳水化合物等,对防治高血压以及肾脏病变效果显著。

视觉享受：★★★★　味觉享受：★★★★　操作难度：★★★

芥菜炒蚕豆

TIME 10分钟

菜品特点
精致鲜美

➡️ **主料：** 芥菜 300 克，蚕豆 100 克

👉 **配料：** 瘦肉 30 克，红辣椒、葱丝、精盐、鸡精、白糖、植物油各适量

🔄 操作步骤

①芥菜择洗干净，切小段；蚕豆洗净去外皮，过水煮熟；瘦肉洗净切小块；红辣椒切丝。

②坐锅点火倒入油，至油温三四成热时，放入葱丝、辣椒丝煸炒出香味，加入瘦肉，炒至变色加入芥菜。

③荠菜快熟时加入蚕豆翻炒几次，加入精盐、鸡精、白糖调味，出锅装盘即可。

🔔 操作要领 ◀◀◀

一次炒得不宜太多，素油炒较好，荤油凉吃粘腻不爽。

👉 营养贴士

本菜品具有降低胆固醇、软化血管、预防心脏病的功效。

➡️ **主料：** 春笋 100 克，里脊肉 50 克

👉 **配料：** 植物油、红辣椒、蒜末、豆豉、生抽、食盐、糖、料酒、鸡精、胡椒粉、麻油、黄酒各适量

🔄 操作步骤

①春笋剥皮洗净切丝；里脊肉洗净切丝，加入料酒、生抽、糖、胡椒粉和黄酒腌渍片刻；红辣椒切丝。

②锅中热油，倒入蒜末、豆豉爆香，加入里脊肉爆炒约 2 分钟；再加入笋丝、红椒丝翻炒约 5 分钟。

③待出锅时，加入盐、麻油、鸡精调味即可。

🔔 操作要领 ◀◀◀

本菜翻炒时，以大火爆炒为佳。

👉 营养贴士

春笋含有充足的水分和多种营养元素，具有助消化的功效。

视觉享受：★★★　味觉享受：★★★　操作难度：★★★★

豉香春笋丝

TIME 10分钟

菜品特点
香脆微辣
鲜嫩可口

腰果西兰花

菜品特点

清淡素雅
清脆爽口

● **主料:** 西兰花 250 克,腰果 150 克
● **配料:** 红椒 1 个,盐、味精、白糖、植物油、明油各适量

视觉享受 ★★★
味觉享受 ★★★
操作难度 ★★

操作步骤

①西兰花洗净,去老皮撕小朵,然后倒入锅中焯水备用;红椒切碎备用。

②锅中倒入植物油烧热,四成热时倒入腰果,炸至金黄色盛出。

③锅留底油烧热,下红椒爆香,倒入西兰花煸炒,加入盐、味精、白糖调味,再加入少许清水,烧沸后再放入腰果炒匀,淋上适量明油即可盛起。

操作要领

最后放入腰果略炒一下即可。

营养贴士

西兰花中的维生素种类非常齐全,尤其是叶酸的含量丰富,这也是它营养价值高于一般蔬菜的一个重要原因。

视觉享受：★★★★ 味觉享受：★★★ 操作难度：★★

椒蒜西兰花

TIME 10分钟

菜品特点
清脆可口
味道鲜美

主料：西兰花 400 克，野山椒 100 克
配料：蒜 2 瓣，精盐 1 小匙，糖 1/2 小匙，植物油适量

操作步骤

①蒜去皮，洗净，切末；西兰花洗净，去老皮撕小朵，过水，捞出；野山椒洗净切碎。
②锅中倒油烧热，放入蒜末爆香，加入西兰花、野山椒，大火快炒至软，最后加入精盐和糖，改小火煮至熟软，即可盛起。

操作要领

西兰花在炒制时不宜直接上锅烹炒，应先用开水焯一下，这样才能保持其脆嫩。

营养贴士

西兰花最显著的就是具有防癌、抗癌的功效，西兰花含维生素 C 较多，比大白菜、番茄、芹菜都高，尤其是在防治胃癌、乳腺癌方面效果尤佳。

主料：茄子 150 克，土豆 100 克
配料：红柿子椒、青椒各 50 克，植物油 15 克，酱油 10 克，白砂糖 3 克，大葱、大蒜各 5 克，盐 2 克，淀粉（玉米）5 克，高汤适量

操作步骤

①土豆去皮，洗净切块；茄子洗净，切滚刀块；葱洗净切末；蒜洗净剁泥；青椒、红柿子椒去蒂、去籽，洗净切块。
②锅内放油烧至七成热，放入土豆，炸至金黄捞出，再将茄子倒入，炸至金黄，放入青椒、红柿子椒略炸，一同捞出。
③锅内留少量余油，放入葱末、蒜泥爆香，加入少量高汤、酱油、白砂糖、盐、土豆、茄子、青椒、红柿子椒略烧，用淀粉勾薄芡出锅即可。

操作要领

要选用新鲜的蔬菜，炸要注意油温。

营养贴士

土豆对辅助治疗消化不良、习惯性便秘、神疲乏力、慢性胃痛、关节疼痛、皮肤湿疹等症有良好效果，是胃病和心脏病患者的优质保健食品，还可以降糖降脂、美容、抗衰老等。

视觉享受：★★★★★ 味觉享受：★★★★ 操作难度：★

地三鲜

TIME 20分钟

菜品特点
色泽油亮
鲜美爽口

 TIME 15分钟

菜品特点
清脆爽口

菜椒笋尖

🔸 **主料:** 竹笋、菜椒各适量
👉 **配料:** 植物油、食盐、白糖、酱油、蘑菇精各适量

视觉享受: ★★★★★
味觉享受: ★★★★★
操作难度: ★★★★

🍴 操作步骤

① 竹笋洗净切薄片；菜椒切块。
② 锅置火上，倒入植物油，油热后倒入笋尖煸炒，一边煸一边淋些清水，待笋煸至八成熟时，加入蘑菇精、食盐、酱油、白糖调味。
③ 倒入菜椒，略炒即可出锅。

🔥 操作要领

翻炒笋尖时，油略放多些。

👉 营养贴士

笋性寒味干，具有清热化痰、益气等功效。

视觉享受：★★★★　味觉享受：★★★★　操作难度：★★

蚝油春笋

TIME 10 分钟

菜品特点
色泽诱人
鲜嫩清香

> **主料：** 春笋 100 克

> **配料：** 蚝油、盐、白糖、酱油、香油、鸡精、食用油各适量

🔄 操作步骤

①春笋剥皮，洗净后切成小段。

②锅中倒入食用油，烧至六成热时倒入蚝油，再倒入春笋翻炒。

③加入盐、白糖、酱油、香油、鸡精翻炒，炒熟装盘即可食用。

⚡ 操作要领 ◀◀◀

春笋虽然营养价值高，但性寒味甘，又含较多的粗纤维素，食用过量后，很难消化，容易对胃肠造成负担，因此不宜多吃。

👉 营养贴士

本菜品具有清肠通便、排毒瘦身的功效。

> **主料：** 白菜 100 克

> **配料：** 芹菜 20 克，白砂糖 30 克，醋 20 克，精盐 5 克，花椒 3 克，干辣椒、植物油各适量

🔄 操作步骤 ◀◀

①将白菜洗净，切去菜头和菜根，菜叶撕片，加入精盐渍约 30 分钟，然后挤干水分备用；芹菜洗净切段。

②净锅上火，油热后倒入干辣椒、花椒爆香，倒入芹菜段、白菜片翻炒。

③净锅上火，倒入植物油烧热，加入少量水，兑入醋、白砂糖，煮沸反复浇在白菜片上即可。

⚡ 操作要领 ◀◀◀

白菜最好爆炒，但不宜翻炒太久。

👉 营养贴士

白菜具有消食养胃、清热除烦、通利肠胃的作用。

视觉享受：★★★　味觉享受：★★★　操作难度：★★

糖醋白菜

TIME 13 分钟

菜品特点
酸辣可口
富有食欲

17

TIME 15分钟

菜品特点
色泽鲜润
美味可口

酸辣百合芹菜

➡ **主料：** 西芹1棵，鲜百合100克

➡ **配料：** 红辣椒1个，色拉油20克，盐1/2小匙，醋、素汤、味精、辣椒油、水淀粉各少许

视觉享受：★★★★★
味觉享受：★★★★★
操作难度：★★★★★

 操作步骤

①西芹择洗干净，斜切成条；百合洗净，入沸水中略焯捞出；红辣椒洗净，去籽，切丝。

②油锅烧热，倒入素汤，加盐烧沸，加西芹、百合、辣椒丝迅速翻炒，调入醋、辣椒油炒匀。

③出锅前加味精后用水淀粉勾芡即可。

 操作要领

炒制时须旺火速成，以确保原料颜色不变，有脆感。

👉 **营养贴士**

本菜品具有平肝清热、润肺止咳的功效。

视觉享受：★★★★★ 味觉享受：★★★★ 操作难度：★★★

咸蛋黄脆玉米

TIME 15分钟

菜品特点
鲜香酥嫩
色泽鲜黄

主料： 咸鸭蛋黄3个，玉米粒250克
配料： 牛油50克，鸡粉、精盐各1小匙，白糖1大匙，干粉丝50克，炸粉4大匙，香蒜、吉士粉各适量

操作步骤

①咸蛋黄蒸熟，取出碾碎，再用鸡粉、精盐、白糖调匀。
②玉米粒拍上香蒜、炸粉，放入热牛油中炸至香脆，捞出待用。
③锅中加牛油烧热，将调好的咸蛋黄与炸好的玉米粒一起炒匀。
④在干粉丝团上撒上适量吉士粉，然后倒入烧热的油中煎炸，时间约2分钟，出锅后放入盘中，摆成鹊巢状。最后将炒好的咸蛋黄和玉米粒倒在上面即可。

操作要领

玉米粒最好采用新鲜的，这样口感才比较好。

营养贴士

玉米中的维生素E可促进人体细胞分裂，延缓衰老。

主料： 山药15克、玉米笋1根
配料： 青椒、胡萝卜各少许，植物油、食盐各适量

操作步骤

①山药削皮，洗净切片；玉米笋洗净斜切成小段；胡萝卜去皮，切片；青椒斜切片。
②锅中加水，煮沸后倒入山药、胡萝卜和玉米笋，煮熟捞出。
③锅中热油，油热后倒入玉米笋、胡萝卜、青椒翻炒，最后倒入山药片、适量食盐炒匀即成。

操作要领

山药不要炒太长时间。

营养贴士

山药含有大量的黏液蛋白、维生素及微量元素，能有效阻止血脂在血管壁的沉淀，预防心血管疾病，有益智安神、延年益寿的功效。

视觉享受：★★★ 味觉享受：★★★★ 操作难度：★★★

玉米笋炒山药

TIME 10分钟

菜品特点
色泽翠绿
鲜嫩入味

TIME 15分钟

菜品特点
色彩缤纷
口感清淡

明珠菜心

●主料：油菜20克，熟鹌鹑蛋5个
●配料：小西红柿1个，料酒1/2小勺，水淀粉2小勺，葱花、姜片、高汤精、盐、食用油各适量

视觉享受：★★★★
味觉享受：★★★
操作难度：★★

操作步骤

①油菜倒入开水中焯熟，冲一下凉水备用；小西红柿对半切开，鹌鹑蛋去皮备用。
②锅中热油，倒入葱、姜爆香，添入清水，煮沸后加入鹌鹑蛋，调入盐、料酒、高汤精搅匀，再次煮沸后加入油菜，煮片刻即可出锅装盘。
③水淀粉勾芡淋在菜上，最后在盘边摆上小西红柿即可。

操作要领

油菜宜最后加入，以防煮得太烂影响口感。

营养贴士

本菜品具有增加肠胃的蠕动，缩短粪便停留的时间、缓解便秘的功效。

视觉享受：★★★★ 味觉享受：★★★★ 操作难度：★★

钵子鲜芦笋

TIME 8分钟

菜品特点
红绿相间
口感脆爽

🔘 **主料:** 鲜芦笋500克，五花肉50克

🔘 **配料:** 红椒少许，植物油50克，蒜、盐、蒸鱼豉油、鸡汁、味精、辣汁各适量

🔧 操作步骤

①鲜芦笋去皮切段；五花肉切薄片；红椒洗净切条；蒜切碎。

②炒锅置火上，倒油烧热，下五花肉煸香，加蒜、红椒、鲜芦笋煸炒，加盐、鸡汁、蒸鱼豉油、味精、辣汁调味，芦笋炒至八成熟出锅。

③钵子烧热，倒入炒好的鲜芦笋，焖熟即可。

🔵 操作要领 ◄◄◄

鲜芦笋翻炒时须炒至八成熟。

👉 营养贴士

芦笋具有清热利尿的功效。

🔘 **主料:** 玉米笋6根，蚕豆5克

🔘 **配料:** 胡萝卜1根，植物油、食盐、蘑菇精、白糖各适量

🔧 操作步骤

①玉米笋和蚕豆洗净备用；胡萝卜去皮切成长条。

②油锅烧热，将玉米笋、蚕豆和胡萝卜倒入锅中爆炒，加清水焖约3～5分钟，加入食盐、蘑菇精和白糖。

③汤汁收干后停火出锅，装入盘中即可。

🔵 操作要领 ◄◄◄

蚕豆在烹饪前，最好先在水中浸泡片刻。

👉 营养贴士

玉米笋可以有效地促进胃肠蠕动，缓解便秘症状。

视觉享受：★★★★ 味觉享受：★★★★ 操作难度：★★

蚕豆玉米笋

TIME 10分钟

菜品特点
味美鲜香
健脾开胃

烧素鱼翅

● **主料**：金针菇（干）75 克，粉丝 25 克，玉兰片 25 克，冬笋 25 克

● **配料**：酱油 25 克，花生油 50 克，湿淀粉 13 克，花椒油、香菇各 10 克，黄酒 20 克，味精 3 克，盐、姜各 5 克，清汤适量，素高汤 500 毫升

视觉享受：★★★★
味觉享受：★★★★
操作难度：★

操作步骤

①金针菇用温水浸焖，换水 3~4 次，捞出挤净水分，去根掐芯，再用细齿梳子从根到稍梳散，每 10 根为一捆，用线在根部扎紧；水发玉兰片；水发香菇；冬笋顺丝切成蓑衣条。

②锅内倒油，中火烧至四成热时，将金针菇下锅颠翻，挺身后捞出控油；将粉丝截断，放入油锅内，至有爆声捞出控油；炒锅内留花生油，烧至六成热下入姜，炸成黄色时加酱油、清汤，烧开后捞出姜。

③下玉兰片、香菇、冬笋，汤开后捞出；把金针菇解开，下锅内，回软后捞出倒入盘内；粉丝同样回软后捞出控汤；将玉兰片、香菇、冬笋条摆在大碗内。

④金针菇梢朝下放在上面，粉丝放在金针菇上面，再加入少许原汤，入笼旺火蒸 20 分钟，出笼扣在大汤盘内；炒锅内放花椒油，中火烧至六成热后入姜，炸成黄色，加酱油、素高汤，捞出姜，烧开后撇去浮沫；再用湿淀粉勾芡，加入黄酒、味精，浇在素鱼翅上面即成。

操作要领

须用上等金针菇，方能梳成翅形，以达逼真。

营养贴士

金针菇具有健脑抗衰功能。

视觉享受：★★★★★　味觉享受：★★★★★　操作难度：★★★★

脆炒黄瓜皮

TIME 40分钟

菜品特点
清香
脆嫩

➡ **主料：** 黄瓜皮 300 克，肉泥 10 克

➡ **配料：** 青、红椒各 1 个，蒜末 10 克，盐 2 克，味精 3 克，陈醋、色拉油各 10 克，干椒粉 5 克

🍳 操作步骤

①黄瓜皮洗净切块，加盐、陈醋、味精腌渍约 30 分钟。
②青、红椒洗净切片。
③锅置火上，倒入色拉油，六成热时下入蒜末、肉泥、青椒、红椒、干椒粉爆香，倒入黄瓜皮翻炒，最后加味精调味即可。

🥄 操作要领

翻炒黄瓜皮须以旺火爆炒。

👉 营养贴士

黄瓜皮富含苦味素，能有效帮助人体排毒。

➡ **主料：** 高山娃娃菜 300 克，五花肉 100 克

➡ **配料：** 香干 50 克，植物油 150 克，小葱 1 棵，豆豉酱 2 勺，姜、蒜、盐、味精各适量

🍳 操作步骤

①娃娃菜整棵切十字刀，也就是顺着菜的生长方向平分切 4 份；五花肉切片；香干切条；小葱切段。
②锅里烧水，水开后放入娃娃菜焯至五成熟，沥水。
③锅里热油，放入姜、蒜和豆豉酱爆香，再放入五花肉翻炒。
④放入娃娃菜、香干翻炒，加入盐、味精调味，最后撒上葱段即可。

🥄 操作要领

要娃娃菜不出水，要经焯水、沥水等程序。

👉 营养贴士

娃娃菜经常食用具有养胃生津、除烦解渴的功效。

视觉享受：★★★　味觉享受：★★★　操作难度：★★★

干锅娃娃菜

TIME 10分钟

菜品特点
爽脆爽口
色香味美

鱼香油菜心

TIME 20分钟

菜品特点
脆爽可口

主料: 油菜心 500 克

配料: 白糖 25 克，白醋、酱油各 10 克，味精、盐各 2 克，水淀粉 20 克，郫县豆瓣酱 15 克，植物油适量

视觉享受: ★★★★
味觉享受: ★★★★
操作难度: ★★★

操作步骤

①菜心择好洗净，沥干水分；豆瓣酱剁碎。

②在空碗中加入酱油、白糖、盐、白醋、味精、水淀粉兑成调味汁。

③锅中倒油，油热后倒入油菜心翻炒片刻出锅装盘；锅中留油，倒进调味汁，加入油菜翻炒均匀后即可出锅。

操作要领

油菜心不宜翻炒太久。

营养贴士

本菜品有良好的营养滋补功能，特别是对病后体弱、神经衰弱等症大有裨益。

视觉享受：★★★★　味觉享受：★★★★★　操作难度：★★★★

剁椒粉丝蒸茄子

TIME 20分钟

菜品特点
清淡爽口
鲜咸微辣

主料： 紫皮长茄子1根，剁椒适量

配料： 粉丝、干香菇、蒜茸、食盐、料酒、蚝油、香油各适量

操作步骤

①茄子切长条，锅内放油将茄子煎一下变软；粉丝用开水泡软，沥干水分，铺在碗底；干香菇提前泡发好，切小丁。

②将煎好的茄子排在粉丝上面，茄子上放香菇丁，再放上剁椒和蒜茸。

③浇上各种调味料入蒸锅，大火蒸5分钟即可。

操作要领

吃的时候可以再淋上一点香醋，酸辣相间，更加过瘾。

营养贴士

此菜具有抗衰老、软化血管、安神、补钙的功效。

主料： 莴笋300克，胡萝卜200克，白萝卜200克

配料： 葱节15克，姜片15克，花生油30克，盐、汤、香油各少许

操作步骤

①莴笋、胡萝卜、白萝卜分别去皮洗净，削成球状，一并放入开水中焯一下。

②锅置火上，倒入花生油，烧热后下葱节、姜片爆香，然后捞出葱节、姜片，倒入汤、莴笋、胡萝卜、白萝卜，煮沸后转文火煨熟，加盐调味，收干汤汁，淋上香油即成。

操作要领

莴笋、胡萝卜、白萝卜焯水以焯透为宜。

营养贴士

莴笋味甘、性凉，具有调养气血的功效。

视觉享受：★★★　味觉享受：★★★　操作难度：★★

素烧三元

TIME 10分钟

菜品特点
色彩美观
清脆爽口

板栗烧白菜心

菜品特点
美观大方
鲜嫩清爽

主料: 小白菜心 200 克，板栗 100 克

配料: 精盐 2 大匙，葱花、姜末、蒜末各少许，植物油、料酒、酱油、高汤、白糖、味精、水淀粉、香油各适量

视觉享受：★★★
味觉享受：★★★
操作难度：★★★★

操作步骤

①白菜心洗净，放入锅中焯软后，装在盘中。

②板栗放开水锅中煮熟。

③炒锅倒油烧温热，放葱花、姜末、蒜末爆香，加料酒、酱油、精盐、高汤、白糖、味精，放板栗，改为微火稍煮，用水淀粉勾芡，淋上香油，浇在盘子里的白菜心上，然后将板栗用筷子移到一侧即可。

操作要领

没有高汤也可用清水代替。

营养贴士

白菜心性味甘平，有清热除烦、解渴利尿、通利肠胃的功效，经常吃白菜心可防止维生素 C 缺乏。

视觉享受：★★★　味觉享受：★★★★　操作难度：★★

豆瓣大头菜

TIME 8分钟

菜品特点
味道鲜美
清脆可口

● **主料：** 大头菜 400 克
● **配料：** 洋葱少许，干辣椒 60 克，姜、味精、白糖、辣椒油各少许，豆瓣酱、精盐、植物油各适量

操作步骤

①大头菜叶用盐水或淘米水浸泡几分钟，用清水将蔬菜上的残留物冲净，撕成小片；洋葱剥皮切片；干辣椒切成小段；姜切成小片。
②炒锅放入植物油，油热之后放入姜片，煸出香味之后拣出，放入辣椒，添上少许白糖，放入大头菜、洋葱、辣椒油、豆瓣酱翻炒，加入精盐、味精，装盘即可。

操作要领

大头菜亦可切片，但均须进行清洗处理。

营养贴士

大头菜富含叶酸，怀孕的妇女、贫血患者应当多吃些大头菜。它也是妇女重要的美容品。

● **主料：** 荠菜 150 克
● **配料：** 大葱少许，植物油、黄酒、精盐、味精、清汤、水淀粉、芝麻油各适量

操作步骤

①荠菜去根，洗净后放沸水中焯一下，然后捞出切碎；大葱切花。
②锅置火上，倒入植物油，七成热时下葱花爆香，倒入荠菜煸炒，加黄酒、精盐、味精调味。
③倒入清汤，煮沸后用水淀粉勾芡，最后淋上芝麻油即可。

操作要领

煸炒荠菜不宜过久。

营养贴士

荠菜味甘，性平，具有和脾、清热的功效。

视觉享受：★★★★★　味觉享受：★★★★★　操作难度：★★★★

炒荠菜

TIME 8分钟

菜品特点
清香柔口

酸辣土豆丝

菜品特点
香味十足
口感爽脆

- **主料：** 土豆适量
- **配料：** 青、红椒各 1 个，盐、醋、葱、姜、蒜、花椒、辣椒各适量

视觉享受：★★★★
味觉享受：★★★
操作难度：★★

操作步骤

①土豆洗净去皮切丝；青、红椒洗净去皮切丝；将辣椒剪成小段；葱、姜、蒜切末。

②锅内放油，放入花椒、辣椒，煸炒出香味后捞出；放入葱、姜、蒜末，煸炒出香味后放入土豆丝煸炒，倒入醋烹出香味。

③放入盐调味，放入青、红椒丝炒匀即可。

操作要领

土豆丝切好后泡在清水里，泡去淀粉，这样炒出的土豆丝清爽不黏。

营养贴士

土豆含有微量元素、氨基酸、蛋白质、脂肪和优质淀粉等营养元素，是抗衰老的食物。

视觉享受：★★★★ 味觉享受：★★★★ 操作难度：★★

干炒 土豆条

TIME 20分钟

菜品特点
金黄焦脆
欢香热辣

➡ **主料：** 土豆400克

👆 **配料：** 干辣椒3克，大葱、老姜各5克，大蒜3瓣，花椒、辣椒粉各5克，孜然籽3克，油、生抽、盐各适量

🔄 操作步骤

①土豆洗净削皮，切条；大葱切成斜片；老姜和大蒜切末待用。

②炒锅倒油，烧至六成热时（将手掌置于炒锅上端，能感到有明显热气升腾），将土豆条放入，慢慢炸至焦脆表面金黄（约8分钟），再捞出沥干油分待用。

③炒锅中留底油，烧热后放入辣椒粉、孜然籽、干辣椒和花椒，小火炸出香味，再放入大葱片、姜末和蒜末爆香。将炸好的土豆条放入锅中，调入盐和生抽，用大火迅速煸干水分，盛入盘中即可。

🔵 操作要领

如想省时省力，可直接购买超市中出售的速冻薯条，炸熟后便可直接烹调。

👉 营养贴士

土豆具有和胃、调中、健脾、益气的功效。

➡ **主料：** 春笋300克

👆 **配料：** 青、红尖椒各50克，生抽1大匙，白糖1/2小匙，盐1小匙，香油、植物油、蘑菇精各适量

🔄 操作步骤

①将春笋去壳后切片；青、红尖椒洗净切片。

②锅中加油烧热，加入笋片稍炒，再加入青、红尖椒翻炒，翻炒至九成熟时加入生抽、盐、蘑菇精炒匀，放入白糖调味后起锅，淋入香油即成。

🔵 操作要领

春笋性寒味甘，不可多食。

👉 营养贴士

春笋富含蛋白质，有助于代谢的谷氨酸，是减肥的佳品。

视觉享受：★★★ 味觉享受：★★★ 操作难度：★★

双椒炒春笋

TIME 18分钟

菜品特点
清脆爽口
咸辣适中

炒三色丁

TIME 30分钟

菜品特点
颜色鲜艳
口感突脆

主料： 白萝卜50克，玉米粒50克，胡萝卜30克

配料： 木耳1朵，生姜10克，花生油20克，盐5克，味精5克，白糖2克，湿淀粉适量

视觉享受：★★★★★
味觉享受：★★★★
操作难度：★★★

操作步骤

①白萝卜、胡萝卜分别去皮洗净切丁；玉米粒洗净；生姜去皮切末；木耳洗净切小片。

②锅置火上，倒入清水，煮沸后下白萝卜丁、胡萝卜丁、玉米粒，以中火煮至九成熟，然后捞出放入凉水中备用。

③净锅倒油，油热后下入姜末爆香，倒入白萝卜丁、胡萝卜丁、玉米粒、木耳翻炒，加盐、味精、白糖调味，最后用湿淀粉勾芡即成。

操作要领

白萝卜、胡萝卜、玉米粒须先煮九成熟，煮时可以加少许盐。

 营养贴士

白萝卜含有丰富的B族维生素和多种矿物质，具有抗病毒、抗癌的功效。

视觉享受：★★★★ 味觉享受：★★★★ 操作难度：★★

葱烧萝卜条

TIME 12分钟

菜品特点
颜色鲜红
口感微辣

● 主料： 红萝卜 500 克，葱白 200 克

● 配料： 清汤 150 毫升，色拉油 100 克，干淀粉（豌豆）60 克，姜、黄酒、酱油、辣椒油、白糖各 5 克，盐 3 克，味精 2 克

操作步骤

①萝卜去皮切长条，放入开水中焯一下，然后过凉，控干水分，裹上一层干淀粉；葱白切长条；姜切末。

②取空碗，加入清汤、酱油、白糖、精盐、味精、淀粉兑成调料汁。

③锅置火上，倒入色拉油，油热后下入萝卜条，炸至金黄色捞出；锅内留底油，下葱白，炒至金黄色时放入姜末翻炒片刻，加入炸好的萝卜条，烹入黄酒，倒入调料汁，翻炒均匀，最后淋上辣椒油即可。

操作要领

倒入调料汁时，调料汁须与葱白、萝卜条搅拌均匀。

营养贴士

此菜可以调理感冒和营养不良等症。

● 主料： 菠菜 300 克

● 配料： 姜 10 克，红椒、植物油各少许，精盐、味精各适量

操作步骤

①菠菜择去老叶、黄叶，浸泡，洗净，沥干；红椒切小圈；姜洗净，切丝待用。

②锅上火加热，倒入适量植物油，待油热倒入菠菜、红椒煸炒，煸炒至全部变色，加适量盐，加盖略焖，加适量味精调味，翻炒均匀、装盘，撒上姜丝即成。

操作要领

菠菜比较嫩，很容易熟，因此不宜烧太长时间。

营养贴士

肥胖者常食此菜，具有良好的减肥健美作用。

视觉享受：★★★ 味觉享受：★★★★ 操作难度：★★★★

清炒菠菜

TIME 8分钟

菜品特点
鲜嫩
清淡

奶油西兰花

TIME 35分钟

菜品特点
浓浓奶香
赏心悦目

- **主料**：西兰花1朵，奶油50克
- **配料**：牛奶50克，盐少许，黄油10克

观赏享受：★★★★
味觉享受：★★★★
操作难度：★★

操作步骤

①西兰花摘成小朵，用流动的水冲洗干净，再用清水浸泡30分钟；焯大概2分钟后，捞出，过凉水，沥干。

②锅里放入黄油，融化后，倒入奶油、牛奶煮开，最后倒入西兰花翻匀，使每朵西兰花都包裹上奶油汁，出锅前再加少许盐调味即可。

操作要领

西兰花最好用盐水浸泡30分钟，这样可以逼出里面的小虫子，同时有杀菌的作用。

营养贴士

西兰花营养丰富，富含蛋白质、糖、脂肪、维生素和胡萝卜素，营养成分位居同类蔬菜之首，被誉为"蔬菜皇冠"。

视觉享受：★★★★ 味觉享受：★★★ 操作难度：★★★★

素油菜心

TIME 8分钟

菜品特点
清香脆嫩
鲜香适口

→ 主料： 油菜心 400 克

☞ 配料： 植物油、盐、鸡精各适量

↻ 操作步骤

①洗净油菜心，如果菜心比较大可以用刀把根部纵向切一刀，沥干油菜里面的水。

②锅内加油烧热，油菜下锅，注意菜根部抵火旺的锅中心，旺火，慢炒至三成熟，大约需要 1 分钟。

③在菜根部撒上盐，翻炒一下，在菜叶部撒上盐，炒匀至六七成熟的时候加鸡精起锅。

◑ 操作要领 ◄◄◄

炒的时间不宜过长，否则叶子会发黄。

☞ 营养贴士

此菜很有营养，具有强壮身体的作用，可提高机体抗病能力。老年体弱者可常食。

→ 主料： 地瓜 200 克

☞ 配料： 金橘丝 50 克，蜂蜜水、植物油、食盐、白糖各适量

↻ 操作步骤

①地瓜洗净，削去表皮，切成厚长条，放进微波炉微 4 分钟。

②将微熟的地瓜沾上蜂蜜水，放进烤箱，用 200 度左右的火烤约 10 分钟。

③锅中倒油，油热后倒入金橘丝翻炒，加入食盐调味，倒入适量清水、蜂蜜水和白糖，待汤汁黏稠后加入烤好的地瓜条，搅拌均匀即可。

◑ 操作要领 ◄◄◄

微波炉微地瓜时，以高火为佳。

☞ 营养贴士

红薯富含膳食纤维，具有通便排毒、缓解便秘的疗效。

视觉享受：★★★ 味觉享受：★★★ 操作难度：★★★★

蜜汁地瓜

TIME 30分钟

菜品特点
香甜不腻
汁浓味美

炒辣味丝瓜

TIME 10分钟

菜品特点
营养丰富

> **主料:** 丝瓜1根
> **配料:** 红辣椒2个, 高汤少许, 盐3克, 味精2克, 料酒10克, 猪油(炼制)40克, 大葱5克, 姜3克

视觉享受: ★★★
味觉享受: ★★★★
操作难度: ★★★

操作步骤

①将丝瓜去皮, 洗净, 切薄片。
②红辣椒去蒂、去籽, 洗净, 切成菱形片; 将葱切段; 姜切丝。
③锅放旺火上, 下入猪油, 油热时将葱段、姜丝、红辣椒片一起炝锅, 炸出香味, 下入丝瓜片翻炒片刻, 放入盐、料酒、味精和少许高汤, 将菜翻炒均匀, 出锅盛盘食用。

操作要领

丝瓜一定要去皮, 这样口感更鲜嫩, 另外如果不喜欢瓤, 也可以在切片之前先将瓤去掉。

 营养贴士

丝瓜所含各类营养在瓜类食物中较高, 所含皂甙类物质、丝瓜苦味质、黏液质、木胶、瓜氨酸、木聚糖和干扰素等物质, 具有一定的特殊作用。

视觉享受：★★★ 味觉享受：★★★ 操作难度：★★

素炒黄豆芽

TIME 5分钟

菜品特点
食之清脆
不腻爽口

➡ **主料：** 黄豆芽 500 克，莴笋 1 个
👈 **配料：** 精盐、酱油、白糖、姜片、花生油各适量

🔁 操作步骤

①黄豆芽去根洗净；莴笋去皮切条。
②锅中倒入花生油，油热后倒入黄豆芽、莴笋煸炒，加入酱油、精盐、姜片调味。
③添入少量清水，再翻炒片刻，加入白糖即可出锅。

🔥 操作要领

购买豆芽时，不宜选用无根豆芽。

👉 营养贴士

黄豆芽富含蛋白质、脂肪、维生素和纤维素，具有乌发、润肤的功效。

➡ **主料：** 空心菜 350 克，腐乳 2 块
👈 **配料：** 大蒜 1 头，红辣椒少许，白酒适量，盐 1 大匙，鸡精 1 小匙

🔁 操作步骤

①空心菜择洗干净，沥干水分，待用；红辣椒切丝；大蒜拍碎。
②腐乳放入碗中捻碎，加入水、盐、鸡精调匀。
③起油锅，爆香大蒜，拣出，下空心菜、红辣椒翻炒，倒白酒；加入调好的料汁翻炒片刻即可出锅。

🔥 操作要领

空心菜不可炒得太烂，以免营养损失过多。

👉 营养贴士

腐乳营养丰富，具有保健作用。

视觉享受：★★★ 味觉享受：★★★★ 操作难度：★★★

腐乳炒空心菜

TIME 10分钟

菜品特点
醇咪清香

35

TIME 8分钟

菜品特点
口感鲜美
香脆可口

冬菜烧苦瓜

主料： 苦瓜 500 克，冬菜 100 克

配料： 花生油 20 克，干红辣椒、花椒各 10 克，酱油 25 克，盐 5 克，味精 3 克

视觉享受：★★★★
味觉享受：★★★★
操作难度：★★

操作步骤

①苦瓜去蒂，去瓤洗净切小块；冬菜洗净，挤干水分，切片；干红辣椒切段。

②锅置火上，倒入花生油，烧热后倒入苦瓜翻炒，加盐调味，待炒出水分时盛出。

③锅洗净倒油，六成热时下辣椒、花椒爆香，然后倒入苦瓜、冬菜，加酱油、味精调味，炒熟即可出锅。

操作要领

冬菜宜选用嫩尖烹炒。

 **营养贴士**

冬菜具有开胃健脑的功效。

视觉享受：★★★　味觉享受：★★★　操作难度：★★

蚝油生菜

TIME 5分钟

菜品特点
香气馥郁
口感爽脆

主料： 生菜 700 克

配料： 蚝油、生抽、淀粉、盐各适量

🍳 操作步骤

①生菜洗净，掰成小块，下锅焯一下，装入盘中。

②将适量蚝油、生抽、淀粉、盐加水调匀。

③将调好的汁液倒入锅中，小火煮至黏稠，最后浇在生菜上即可。

🥄 操作要领 ◀◀◀

生菜焯软即可，不宜焯太久。

👉 营养贴士

生菜含有丰富的维生素和矿物质。

主料： 甜豆 350 克

配料： 胡萝卜少许，葱、姜、蒜各 10 克，精盐、植物油各适量

🍳 操作步骤

①甜豆去掉两端，去筋洗净；胡萝卜洗净斜切片；葱切段；蒜、姜切片。

②水烧开后焯甜豆，6 分钟左右捞出。

③起锅热油，下入葱、姜、蒜爆香，拣出，再将甜豆、胡萝卜下入，中火煸炒几分钟至甜豆熟透，加少许精盐出锅。

🥄 操作要领 ◀◀◀

要选择嫩甜豆，太老了会影响口感。

👉 营养贴士

甜豆具有益脾胃、生津止渴、和中下气、除呃逆的功效。

视觉享受：★★★★　味觉享受：★★★★　操作难度：★★★

清炒甜豆

TIME 10分钟

菜品特点
清爽
适别

炒三色蔬

TIME 8分钟

菜品特点
三色搭配
口感清脆

- **主料：** 茭白、紫椰菜、尖椒各适量
- **配料：** 植物油、姜、食盐、蘑菇精各适量

视觉享受：★★★★★
味觉享受：★★★★★
操作难度：★★★★

操作步骤

①茭白剥去外壳，洗净切滚刀块；紫椰菜洗净切片，尖椒洗净切段；姜切丝。

②锅中热油，下姜丝爆香，倒入茭白翻炒，炒至茭白八成熟时倒入尖椒和紫椰菜略炒片刻，加盐、蘑菇精调味即可。

操作要领

翻炒茭白时，可以加少许水，以防茭白炒焦。

营养贴士

茭白营养丰富，具有补虚健体和美容减肥的功效。

视觉享受：★★★ 味觉享受：★★★ 操作难度：★★★

茭瓜炒蚕豆

TIME 20分钟

菜品特点
口感润嫩
香气浓郁

主料： 蚕豆 200 克，茭瓜 200 克，木耳 20 克

配料： 植物油 500 克，红椒 1 个，蒜茸、姜、盐、味精各适量

操作步骤

①蚕豆洗净去外皮；茭瓜去皮，用刀切成滚刀块；木耳泡发；红椒先去蒂、去籽，然后用清水洗净，切片；姜切末。

②锅烧热，倒入植物油，八成热时倒入蚕豆翻炒，蚕豆表皮起泡后即可捞出。

③在热锅中倒入姜末、蒜茸、红椒片煸香，然后一并倒入蚕豆、茭瓜、木耳，加入适量的盐、味精炒匀。茭瓜炒熟后即可出锅。

操作要领

茭瓜最宜切成滚刀块烹炒。

营养贴士

本菜品具有调养脏腑的功效。

主料： 马蹄 200 克，莴苣 100 克

配料： 胡萝卜、木耳各30克,肉10克,鸡精、植物油、醋、白糖、姜、盐各适量

操作步骤

①将马蹄去皮洗净切片；莴苣削皮洗净切片；肉洗净切片；胡萝卜洗净切成花型；木耳泡发备用；姜切末。

②坐锅点火倒油，油热后放入姜末煸出香味，倒入肉片，炒至变色加入马蹄片、莴苣片、胡萝卜、木耳翻炒，加入盐、白糖、醋、鸡精调味即可。

操作要领

马蹄切片要均匀，不然会影响口感。

营养贴士

马蹄中含有的磷是根茎蔬菜中最高的，能促进人体生长发育和维持生理功能，对牙齿骨骼的发育有很大好处。

视觉享受：★★★★ 味觉享受：★★★ 操作难度：★★

马蹄炒莴苣

TIME 10分钟

菜品特点
煳级浓香

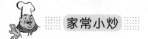

杭椒炒藕丁

TIME 5分钟

菜品特点
香辣脆嫩
爽口开胃

● **主料：** 青、红杭椒各50克，莲藕1个
● **配料：** 植物油、生抽、食盐各适量

视觉享受：★★★
味觉享受：★★★★
操作难度：★★

 操作步骤

①将莲藕去皮，洗净后用刀切丁；青、红杭椒洗净去籽，切成小块。
②锅内放油烧热，倒入青、红杭椒，加入少许生抽。
③最后放入藕丁，加食盐炒熟即可出锅食用。

操作要领

最好挑选脆的莲藕，由此炒出来味道更佳。

☞ **营养贴士**

杭椒既是美味佳肴的好佐料，又是一种温中散寒、可用于食欲不振等症的食疗佳品。

视觉享受：★★★ 味觉享受：★★★ 操作难度：★★★★

酸辣藕丁

TIME 15分钟

菜品特点

味道可口
营养丰富

- 🔴 **主料：** 莲藕300克，香菇50克
- 👉 **配料：** 剁椒、杭椒各少许，大蒜1头，糖、酱油各1小匙，醋2小匙，精盐2/3大匙，植物油适量

🌿 操作步骤

①杭椒洗净，切成圈；莲藕去皮洗净切成小丁；香菇洗净切片；大蒜去皮，洗净，拍碎备用。

②炒锅烧热后倒入油，待油七成热时，爆香大蒜，倒入莲藕丁、香菇，调入酱油、精盐、糖、醋翻炒均匀，最后放入剁椒、杭椒圈，再继续翻炒1分钟即可。

🔵 操作要领

食用莲藕，要挑选外皮呈黄褐色，肉肥厚而白的，如果发黑，有异味，则不宜食用。

👉 营养贴士

本菜品具有增进食欲、促进消化的作用，适合胃口不佳、食欲不振者食用。

- 🔴 **主料：** 尖椒4个，肉馅200克
- 👉 **配料：** 干香菇4朵，淀粉2大匙，盐、白糖各3克，香油、陈醋、料酒各1小匙，十三香2克，鸡精少许，生抽3大匙

🌿 操作步骤

①将干香菇用清水浸泡片刻，泡发后切碎，泡香菇的水留着备用。

②肉馅放碗中，加入香菇、料酒、盐、十三香、糖、香油、鸡精和淀粉，搅匀备用。

③尖椒洗净后用筷子将内部的籽除去，向尖椒内部填塞肉馅。

④锅中加水，煮沸后轻轻放入尖椒，再次沸腾后停火，取出尖椒控干水分。锅清洗干净，倒入植物油，油热后煎尖椒。

⑤用准备好的生抽、白糖、陈醋、盐、淀粉和少量泡香菇的水调成芡汁，倒入热油锅中，搅拌至透明，最后浇在煎好的尖椒上即可。

🔵 操作要领

煮过的尖椒注意要控干水分，否则在煎炸时容易溅油，发生烫伤。

👉 营养贴士

尖椒富含维生素C，对降低胆固醇卓有疗效。

视觉享受：★★★★ 味觉享受：★★★★ 操作难度：★★★★

虎皮尖椒

TIME 60分钟

菜品特点

香而不腻
清肥可口

鱼香青圆

TIME 20 分钟

菜品特点
酱的素口
口感独特

● **主料:** 青豆 500 克
● **配料:** 蒜、糖、醋、酱油、姜、盐、植物油、豆瓣酱各适量

操作步骤

①青豆淘洗干净；蒜、姜切末。

②调一小碗鱼香汁：酱油 1 勺、醋 2 勺、糖 1 勺调匀。

③锅烧热后倒入油，放入青豆炸熟，捞出控油。

④倒入蒜末、姜末、豆瓣酱，炒出香味后，倒入 2 勺水，倒入炸好的青豆炒匀，加盐调味。

⑤再倒入事先调好的鱼香汁，大火煮至收汁即可。

观赏享受：★★★★
味觉享受：★★★★
操作难度：★★★

操作要领

购买青豆须注意，不宜购买色彩过于翠绿的青豆。

营养贴士

青豆味甘，性寒，有清热解毒、消暑、利尿、祛痘的功效。

视觉享受：★★★★ 味觉享受：★★★★ 操作难度：★★★

金沙小南瓜

TIME 8分钟

菜品特点
口感香酥

主料： 去皮南瓜30克，熟咸蛋黄3个

配料： 油、盐、干淀粉、鸡粉、大葱各适量

操作步骤

①咸蛋黄压碎；大葱洗净切花；南瓜切块，倒入加盐、油的水中浸泡，至变软后捞出，沥干水分。

②南瓜块裹上一层干淀粉，放入油锅中煎炸，至炸酥捞出，沥油。

③锅洗净倒油，下入蛋黄碎，加少许水，以慢火翻炒，炒至起泡时加入炸好的南瓜块，加鸡粉炒匀，最后撒上葱花即可。

操作要领

翻炒碎蛋黄须用慢火。

营养贴士

南瓜含有淀粉、胡萝卜素、蛋白质和钙等营养成分，具有消炎止痛、解毒杀虫的功效。

主料： 豆角200克，茄子100克

配料： 大蒜2瓣，姜末、生抽、鸡精、盐、植物油各适量

操作步骤

①先把茄子切成小长条，放盐水中浸泡，去除有毒物质；将豆角洗干净，切成小拇指长的段；大蒜剥皮切末。

②水烧开，把切好的豆角放入，过水几分钟捞起放冷水中淋一下。

③锅稍多放点油，放入姜末，再把捞起的沥干水的茄子倒入锅中，翻炒，待变色有点软时，放已过水的豆角、生抽，再翻炒后放少量的盐、鸡精翻炒均匀，最后撒上蒜末即可装盘。

操作要领

豆角一定要焖熟，否则有食物中毒的危险。

营养贴士

茄子含有维生素E，有防止出血和抗衰老功能。

视觉享受：★★★★ 味觉享受：★★★ 操作难度：★★★

豆角炒茄子

TIME 13分钟

菜品特点
营养丰富
满口生香

 TIME 25分钟

菜品特点
酱香浓郁
咸甜适口

🔳 **主料：** 茄子1个

🔳 **配料：** 辣椒酱、植物油、白糖、酱油各适量

视觉享受：★★★★
味觉享受：★★★★
操作难度：★★★

🌀 操作步骤

①茄子洗净对半切开，再切花刀。

②锅置火上，倒入植物油，油热后下茄子翻炒。

③向锅中添加清水，盖盖儿焖煮，待茄子煮烂后加酱油、白糖调味，最后加入辣椒酱炒匀即可。

🔖 操作要领

添水不宜过多，少许即可。

👉 营养贴士

茄子富含维生素P，这种物质可以有效防止微血管破裂出血，保护心血管。

家常小炒

家常畜肉小炒

★★★★★

★★★★★

TIME 25分钟

菜品特点
色泽鲜润
美味可口

红烧排骨

➡️ **主料:** 猪排骨 500 克

👐 **配料:** 植物油 50 克,葱段、姜片、水淀粉各适量,精盐、味精各 1/3 小匙,酱油、料酒、白糖各 2 大匙

视觉享受 ★★★★
味觉享受 ★★★
操作难度 ★★★

🔄 操作步骤

①将猪排骨洗净,剁成 9 厘米长的段,再放入沸水中焯透,捞出冲净,备用。

②炒锅上火烧热加油,先用葱段、姜片炝锅,再烹入料酒,加入酱油、白糖、精盐,然后添适量水烧开,下入排骨烧至熟烂入味,加入味精,用水淀粉勾芡,收汁,即可出锅。

🔥 操作要领

酱油一定要晚一点放,但可多放些,可以更好地上色,不过不要炒太久,因为容易煳锅。

👉 营养贴士

排骨不仅可以为人体提供蛋白质,还可以为人体提供维持生理活动所必需的脂肪和维生素,而且还含有大量的磷酸钙和胶原蛋白,能维持骨骼健康和补血。

视觉享受：★★★ 味觉享受：★★★★★ 操作难度：★★★★★

肉段烧茄子

TIME 20分钟

菜品特点
外韧里嫩
味道鲜美

➡ **主料：** 猪肉400克，茄子200克
➡ **配料：** 胡萝卜1个，鸡蛋1个，植物油、精盐、酱油、醋、味精、水淀粉、葱花、蒜末、姜末、香油各适量

🍳 操作步骤

①将猪肉切小块，加鸡蛋、水淀粉挂糊；茄子去皮洗净切块；胡萝卜洗净切片。
②将肉段炸至表皮稍硬时，捞出磕散，待油温升高时，同茄子再炸一遍，控干油。
③将酱油、醋、精盐、水淀粉、味精兑成混汁。
④炒锅留底油，加葱、姜、蒜炝锅，倒入肉段、茄子和胡萝卜片，用兑好的混汁熘，撒上葱花，淋香油，翻炒，出锅装盘即可。

🔔 操作要领

水淀粉挂糊时不要太多，否则会影响口感。

👉 营养贴士

茄子含多种维生素、脂肪、蛋白质、糖及矿物质等，是一种物美价廉的佳蔬。

➡ **主料：** 猪肚300克，苦瓜2根
➡ **配料：** 红辣椒1个，香油、大蒜各10克，酱油、醋、白砂糖、盐各适量

🍳 操作步骤

①猪肚切丝，用香油拌匀；苦瓜去皮切条；红辣椒切丝；大蒜切末。
②锅中热油，油热后下入蒜末爆香，倒入猪肚爆炒片刻，加入苦瓜、辣椒丝翻炒，加入盐、白砂糖、酱油、醋调味，炒熟淋上香油即可。

🔔 操作要领

想要去除苦瓜的苦味，可以先用沸腾的盐水煮一下。

👉 营养贴士

苦瓜具有清热消暑、养血益气、滋肝明目等多种功效。

视觉享受：★★★ 味觉享受：★★★ 操作难度：★★

苦瓜炒肚丝

TIME 8分钟

菜品特点
清脆爽口
咸淡适中

干锅腊肉白菜帮

TIME 25分钟

菜品特点
香辣可口
开胃下饭

● **主料:** 腊肉200克, 白菜帮300克
● **配料:** 杭椒30克, 姜、蒜、盐、生抽、糖、植物油、剁椒各适量

视觉享受: ★★★
味觉享受: ★★★★
操作难度: ★★

操作步骤

①白菜帮洗净切粗丝; 腊肉切片; 姜、蒜剁碎; 杭椒切段。

②锅中倒油大火加热, 待油五成热, 放入剁椒、姜、蒜, 炒出辣香味后, 放入杭椒和腊肉, 煸炒20秒钟左右, 待腊肉的肥肉部分变透明, 倒入白菜帮炒2分钟。

③待白菜帮稍微变软, 调入盐、生抽和糖, 搅拌均匀后, 翻炒几下, 即可关火出锅。

操作要领

这道菜做好后, 如果盛放入可加热的干锅中, 边加热边吃, 味道会越来越香, 辣味也越来越重。

营养贴士

白菜帮含有丰富的营养, 多食对身体大有裨益。

视觉享受 ★★★ 味觉享受 ★★★ 操作难度 ★★★

熘炒肥肠

TIME 15分钟

菜品特点
色红肉嫩
香味诱人

⊖ **主料：** 熟猪大肠头 400 克，黄瓜 30 克

⊖ **配料：** 植物油适量，酱油 2 小匙，精盐 1/2 小匙，白糖 4 小匙，水淀粉 5 克，味精 1/2 小匙，姜 3 克，蒜片、醋、葱各适量

操作步骤

①将猪大肠头斜刀切成片，用加醋的水焯一下，捞出后净水，装碗内，加适量精盐；黄瓜洗净切片。

②坐锅加油，烧至180℃时，放入大肠片炸至金黄色捞出，控净油。

③原锅留底油，用葱、姜、蒜炝锅，入大肠片，添适量水，放酱油、精盐、白糖调味，烧开撇去浮沫，盖上锅盖，改为微火烧至汤浓肠烂时，放入黄瓜片，加味精，用水淀粉勾芡，出锅装盘即可。

操作要领

在切肥肠前，先将肥肠用加了醋的水焯一下，能很大程度地降低异味儿。

营养贴士

本菜品具有祛下焦风热、止小便数的功效。

⊖ **主料：** 猪排骨 500 克，小米 100 克

⊖ **配料：** 糯米粉50克，猪油、精盐、料酒、味精、白糖、十三香粉、鸡精粉、辣酱、豆瓣酱、红油、葱花、姜片、蒜、山胡椒油各适量

操作步骤

①排骨洗净，用刀剁成小段，再加入精盐、料酒、葱、姜片拌匀，腌 30 分钟。

②小米洗净；准备姜末、蒜茸备用；豆瓣酱剁碎备用。

③将猪油倒入大碗中，加入糯米粉、小米、十三香粉、鸡精粉、蒜茸、姜末、辣酱、豆瓣酱、山胡椒油、白糖、味精、清水搅匀，然后裹在排骨上，最后滴几滴红油，将排骨装入竹筒内，放进锅中蒸约 60 分钟，待排骨熟烂后即取出装盘。

操作要领

选择排骨时，要挑选精排，剁成小段，这样更加入味。

营养贴士

猪排骨除含蛋白质、脂肪、维生素外，还含有大量磷酸钙、骨胶原、骨黏蛋白等，可为幼儿和老人提供钙质。

视觉享受 ★★★★ 味觉享受 ★★★★ 操作难度 ★★★

湘竹小米排骨

TIME 100分钟

菜品特点
味道香软
米香绕齿

花腩炖油菜

TIME 70 分钟

菜品特点
味道鲜香
色泽美观

主料： 牛腩 600 克，油菜 200 克，粉条 100 克

配料： 色拉油 3 汤匙，葱、姜各 5 克，八角 1 个，生抽、豆瓣酱各 2 汤匙，高汤、食盐各适量，香叶 2 片

视觉享受：★★★★
味觉享受：★★★★★
操作难度：★★★★

操作步骤

①牛腩洗净切成小块，放入锅中焯水；油菜洗净切段备用。

②锅中倒油，下入葱、姜爆香，放入豆瓣酱小火煸炒，倒入牛腩翻炒。加入高汤、八角、香叶，用大火炖约 10 分钟，然后转中小火炖约 50 分钟。

③加粉条，煮熟后，放油菜略煮，加生抽、食盐调味，即可出锅。

操作要领

高汤需提前用大骨熬制。

营养贴士

牛腩富含蛋白质，具有补脾胃、益气血、强筋骨的功效。

视觉享受：★★★　味觉享受：★★★★★　操作难度：★★★

湘味萝卜干炒腊肉

TIME 25分钟

菜品特点

咸中带香
浓香可口

⊃ 主料: 腊肉300克，萝卜干50克

➡ 配料: 植物油20克，料酒1小匙，精盐1/2小匙，酱油1小匙，干辣椒10克，葱5克，鸡精1小匙

🍳 操作步骤

①将萝卜干用温水泡5分钟至变软，捞出挤干水分，切成段；腊肉切薄片；干辣椒洗净切段；葱洗净切菱形。

②锅中放油烧热，放入切好的腊肉，炒至腊肉的肥肉呈透明状时，盛出备用。

③锅中放油烧热，放入干辣椒段、葱翻炒，再放入萝卜干翻炒几下，加入腊肉、精盐、料酒、酱油、鸡精翻炒均匀，装盘即可。

🔥 操作要领 ◀◀◀

质量好的腊肉皮色金黄有光泽，瘦肉红润，肥肉淡黄，有腊制品的特殊香味。

☞ 营养贴士

本菜品具有开胃祛寒、消食的功效。

⊃ 主料: 猪肝300克

➡ 配料: 木耳、胡萝卜、黄瓜各20克，植物油1000克，精盐、味精各1/3小匙，料酒、酱油各1大匙，白糖1/2大匙，白醋1/2小匙，花椒油1小匙，葱末、姜末、蒜末、淀粉各适量

🍳 操作步骤

①将猪肝洗干净，整理后切成0.5厘米厚的片，再装入碗内，加入精盐、味精、料酒、淀粉抓拌均匀，下入五成热油中滑散、滑透，捞出沥干备用；木耳泡发；胡萝卜、黄瓜洗净切片。

②碗中加入料酒、酱油、白糖、味精、淀粉调匀，制成芡汁待用。

③炒锅上火烧热，加适量底油，先用葱末、姜末、蒜末炝锅，再烹入白醋，入木耳、胡萝卜、黄瓜煸炒片刻，然后放入猪肝片，泼入芡汁翻炒均匀，再淋入花椒油，出锅装盘即可。

🔥 操作要领 ◀◀◀

猪肝也可切成薄片，用沸水焯过再用。

☞ 营养贴士

猪肝含有丰富的铁、磷，它是造血不可缺少的原料。

视觉享受：★★★★　味觉享受：★★★★　操作难度：★★★

熘肝尖

TIME 20分钟

菜品特点

增加食欲
色香味美

黄豆炒猪尾

TIME 60 分钟

菜品特点
肉烂味香
色艳可口

主料: 猪尾 300 克、黄豆 100 克

配料: 油菜 50 克,色拉油、食盐、葱末、姜末、八角、大料、酱油、料酒各适量

视觉享受: ★★★★
味觉享受: ★★★★
操作难度: ★★★

操作步骤

①黄豆放入碗中,浸泡至发胀;油菜洗净对半切开,用热水焯熟,备用;猪尾去尾根尖部位,其余按节(节的大小最好一致)切开,洗好后一定要用盐水浸泡10分钟,然后入开水锅内,焯一下捞出。

②锅内倒入色拉油,烧热后加入猪尾及盐、葱末、姜末、料酒、酱油翻炒。

③向锅中添入半锅开水,加入黄豆、八角、大料烧煮。

待汤汁收紧时停火。将油菜摆放至盘子外延一侧,将煮好的菜品装入盘中即可。

操作要领

炖煮时宜采用小火。

营养贴士

猪尾胶质含量丰富,对丰胸很有效果。

视觉享受：★★★★　味觉享受：★★★　操作难度：★★★

莴笋凤凰片

TIME 10分钟

菜品特点
清润爽口
清鲜味美

主料： 莴笋1根，牛肉100克

配料： 蒜1头，红辣椒1个，植物油、盐、糖、白醋、鸡精各适量

操作步骤

①牛肉洗净切片；莴笋去掉叶子，去皮，去老根部，切片；红辣椒切段；蒜剥皮洗净切碎备用。

②锅中倒油烧至四成热，下辣椒段、蒜小火慢慢爆香，拣出；旺火，下肉片翻炒，炒至变色时加入莴笋片翻炒，炒至莴笋变色断生，放盐、糖、白醋、鸡精调好味，装盘即可。

操作要领

家庭清炒莴笋，不必像餐馆那样让莴笋先焯水，直接油锅生炒即可。

营养贴士

莴笋含有多种维生素和矿物质，具有调节神经系统功能的作用。

主料： 猪肚500克，莴笋200克

配料： 青椒、红椒各适量，大蒜2头，植物油50克，精盐、胡椒粉各1小匙，味精、白糖各1/2小匙，料酒1大匙，水淀粉25克，清汤150克

操作步骤

①莴笋去掉叶子，去皮，去老根部，切条；青椒、红椒分别去蒂及籽，洗净后切成条；蒜瓣去皮，洗净备用。

②将猪肚洗涤整理干净，放入锅中，加水煮约90分钟至软烂，捞出沥干，晾凉后切成宽条待用。

③坐锅点火，加油烧至六成热，先下入蒜瓣炒香，再放入肚条，烹入料酒，添入清汤，加入莴笋条、精盐、胡椒粉、白糖、青椒、红椒，小火翻炒2分钟，然后放入味精调味，用水淀粉勾芡，即可装盘上桌。

操作要领

呈淡绿色、粘膜模糊、组织松弛、易破、有腐败恶臭气味的肚条不要选购。

营养贴士

本菜品具有补虚损、健脾胃的功效。

视觉享受：★★★★　味觉享受：★★★★　操作难度：★★★

莴笋烧肚条

TIME 100分钟

菜品特点
鲜香可口
香味诱人

TIME 25 分钟

菜品特点
清香爽口
味野不腻

肉丁烩豌豆

主料： 鲜豌豆、鲜鱼肉各适量

配料： 胡萝卜、料酒、盐、胡椒粉、水淀粉、花生油、葱、姜、蒜、香油、清汤各适量

视觉享受：★★★★
味觉享受：★★★★
操作难度：★★★

操作步骤

①鲜豌豆倒入水中煮熟，然后用凉水冲一下；葱、姜、蒜切末备用；胡萝卜去皮后切小丁；鱼肉洗净切小丁。

②在鱼肉中倒入盐、料酒、胡椒粉、水淀粉上浆。

③锅中热油，三成热时倒入上好浆的鱼肉滑熟捞出。

④锅内留底油，下葱、姜、蒜爆香，烹料酒，倒入胡萝卜丁、豌豆翻炒，炒熟后倒入鱼肉和少量的清汤，加盐调味，最后用水淀粉勾芡，淋上香油即可。

操作要领

豌豆必须先煮熟。

营养贴士

豌豆富含多种营养元素，对脾胃不适、心腹胀痛等症有一定的疗效。

视觉享受：★★★ 味觉享受：★★★★★ 操作难度：★★★

干煸牛肉丝

TIME 20分钟

菜品特点
味道鲜美

🡒 **主料：** 嫩牛肉300克

🡒 **配料：** 芹菜30克，醋、干红辣椒、姜各适量，植物油25克，豆瓣酱2大匙，辣椒粉1/2小匙，白糖1小匙，精盐1/2小匙，料酒、酱油各2小匙，味精1/4小匙，花椒油1/2大匙，白芝麻少许

🔃 操作步骤

①将牛肉筋膜剥除，切成薄片，横着牛纹切成细丝；把芹菜切成2~3厘米长的段；将豆瓣酱剁成泥。

②炒锅烧热，倒入植物油升温至六成热左右，放入牛肉丝快速煸炒，炒至酥脆，再加入豆瓣酱泥和辣椒粉，然后依次加入白糖、料酒、酱油、精盐、味精、干红辣椒，翻炒均匀，最后加入芹菜、姜、白芝麻，拌炒几下后，淋点醋颠翻几下，在上面淋上花椒油盛出即可。

🔅 操作要领 ◀◀◀

芹菜如果质老，可在沸水中焯一下。

👉 营养贴士

芹菜含多种维生素和无机盐，有健胃、利尿、降压、降脂的功效。

🡒 **主料：** 水发牛蹄筋400克，大葱100克

🡒 **配料：** 红辣椒1个，植物油20克，鸡精1/2小匙，酱油、精盐、料酒、香油各1小匙，老汤30克，水淀粉10克

🔃 操作步骤 ◀◀

①将牛蹄筋洗净，用清水煮熟，捞出后切成条；大葱洗净，留葱白切长条；红辣椒切丝。

②锅中加适量植物油，先放入葱、红辣椒炒香，再下牛蹄筋翻炒一下，然后加入酱油、料酒、老汤、精盐、鸡精煨烧一会儿，再用水淀粉勾芡，淋上香油，出锅即可。

🔅 操作要领 ◀◀◀

颜色光亮、半透明状、干爽无杂味的蹄筋品质最好。

👉 营养贴士

蹄筋中含有丰富的胶原蛋白质，有强筋壮骨的功效，对腰膝酸软、身体瘦弱者有很好的食疗作用。

视觉享受：★★★★ 味觉享受：★★★★ 操作难度：★★★

葱白牛蹄筋

TIME 15分钟

菜品特点
葱蹄香浓
香味浓郁

炒牛肚丝

TIME 70 分钟

菜品特点
酸辣可口

> **主料：** 牛肚 400 克
>
> **配料：** 黄瓜 50 克，红辣椒 50 克，香油 20 克，醋 10 克，酱油 5 克，白酒 3 克，盐 2 克，苏打粉 1 克，食用油适量，味精少许

视觉享受：★★★★★
味觉享受：★★★★★
操作难度：★★★★

操作步骤

①红辣椒洗净切丝；黄瓜洗净切条；牛肚洗净切丝，放入凉水中浸泡约 60 分钟，然后捞出沥干水分。

②锅中倒油，油热后倒入牛肚丝翻炒，加酱油调味，盛出备用。

③锅中倒油，下红辣椒爆香，倒入牛肚丝、黄瓜条翻炒，加醋、味精、盐调味，最后用苏打粉勾芡，淋上香油、白酒即成。

操作要领

牛肚必须先用水浸泡。

营养贴士

本菜具有健脾开胃的功效。

视觉享受：★★★ 味觉享受：★★★★ 操作难度：★★★★

葱爆羊肉

TIME 18分钟

菜品特点
酱软鲜嫩
味香适口

● **主料：** 羊肉片 200 克，大葱 2 棵

● **配料：** 料酒 1 小匙，酱油 1 小匙，白糖 1/2 小匙，白胡椒粉 1 小匙，味精 1/4 小匙，姜片 15 克，蒜碎 10 克，米醋 1 小匙，精盐 1/2 小匙，植物油适量，芹菜 10 克

操作步骤

①羊肉切薄片，放料酒、酱油、白糖、白胡椒粉、味精，搅拌均匀后腌 5 分钟。

②大葱切片；芹菜洗净切段。

③锅烧热后倒油，待八成热时倒入羊肉片，快速翻炒至羊肉变色后，放芹菜段、葱片、姜片翻炒 1.5 分钟，淋一点儿米醋，倒蒜碎，调入精盐稍微翻炒几下即可。

操作要领

羊肉最好用羊后腿肉，葱要多放一些，葱白可以去掉羊肉的膻味。炒的时候要快炒。

营养贴士

本菜品具有暖胃去寒、增强体质的功效。

● **主料：** 羊排 1000 克

● **配料：** 植物油 50 克，花生 10 克，酱油 3 大匙，白糖 2 大匙，葱花、姜末、胡椒粉、蒜瓣、大料、花椒、山奈、桂皮、水淀粉、香油各适量

操作步骤

①将羊排洗净，剁成 7 厘米长的段，再用流水冲洗，捞出沥干备用。

②坐锅点火，加植物油烧热，先下入姜末炒香，再倒入羊排，加入酱油煸炒 5 分钟，然后添入适量清水，加入大料、花椒、山奈、葱花、桂皮、白糖、胡椒粉、花生、蒜瓣，用小火煨烧待汤浓汁稠时，用水淀粉勾薄芡，淋入香油，即可出锅装盘。

操作要领

羊排洗净后也可以放锅中焯一下，这样容易去除血沫。

营养贴士

本菜品具有补气滋阴、生肌健力、养肝明目的功效。

视觉享受：★★★★ 味觉享受：★★★ 操作难度：★★★

红焖羊排

TIME 30分钟

菜品特点
味道可口
营养丰富

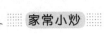

椒丝酱爆肉

TIME 10分钟

菜品特点
口感甜透
胃板顺爽

主料： 猪肉 200 克，尖椒 100 克

配料： 鸡蛋 1 个，甜面酱、植物油、食盐、淀粉、料酒各适量

视觉享受 ★★★
味觉享受 ★★★
操作难度 ★★

操作步骤

①把猪肉切成薄片，加料酒、淀粉、鸡蛋清抓匀，下入四成热的油中，滑散滑透，倒入漏勺；尖椒洗净切条。

②炒锅加底油，下肉片、尖椒和甜面酱翻炒，加入适量食盐炒熟即可。

操作要领

爆炒肉片和尖椒一定要使用旺火。

营养贴士

甜面酱味道鲜美，可以起到开胃助食的作用。

视觉享受：★★★★ 味觉享受：★★★★★ 操作难度：★★★

蚂蚁上树

TIME 10分钟

菜品特点
口味清淡
爽滑美味

主料： 粉丝200克，猪肉150克

配料： 辣椒、姜、葱、蒜、豆瓣、盐、酱油、味精、料酒、高汤、胡椒粉、植物油各适量

操作步骤

①姜、蒜切成米粒状；葱切成葱花；辣椒切成小段；猪肉剁成末。

②粉丝用温水泡发，用剪刀剪成15厘米长的段。

③炒锅内加油烧热，放肉末、豆瓣、姜、蒜、辣椒炒香，倒入高汤，加盐、酱油、味精、料酒、胡椒粉调味，放入粉丝，快速翻炒至入味，收汁，撒上葱花，起锅装盘即成。

操作要领

此菜要速炒，时间长了粉丝容易粘连，影响菜肴口感。

营养贴士

本菜品具有抗菌护肝、消除疾病、促进胃肠蠕动的功效。

主料： 猪里脊肉200克，麻花50克

配料： 绿、黄灯笼椒各1个，食盐、味精、水淀粉、料酒、葱段、色拉油各适量

操作步骤

①猪里脊肉洗净切片，加入食盐、水淀粉、料酒拌匀上浆；灯笼椒洗净切厚片；麻花掰成小段。

②锅中热油，油温达到110℃时将肉片滑油至熟，然后捞出沥油。

③锅留底油，放葱段和灯笼椒爆香，倒入适量清水，调入食盐、味精，再用水淀粉勾芡，倒入肉片和麻花搅匀即成。

操作要领

麻花须最后下锅，以保持酥脆口感。

营养贴士

灯笼椒具有解热、镇痛的功效。

视觉享受：★★★ 味觉享受：★★★★ 操作难度：★★★

麻花炒肉片

TIME 10分钟

菜品特点
香酥微咸
肉嫩味美

爆腰花

TIME 25分钟

菜品特点
色泽鲜润
美味可口

主料： 猪腰 1 对

配料： 红辣椒、丝瓜片各少许，鸡蛋 1 个，植物油、绍酒、酱油、醋、白糖、精盐、鸡精、葱末、蒜末、姜片、水淀粉各适量

视觉享受：★★★★
味觉享受：★★★★
操作难度：★★★

操作步骤

①猪腰片成两半，除脂皮，片去腰臊，切斜"十字花刀"，然后改切成片，加蛋清及少许水淀粉拌均匀。

②取小碗加入酱油、白糖、醋、精盐、鸡精、水淀粉调拌匀，兑成芡汁。

③炒锅加油，烧至八成热时，下入浆好的腰花，滑散、滑透，倒入漏勺，原锅留少许油，用葱、姜、蒜、红辣椒炝锅，烹绍酒，下入丝瓜片煸炒，再放入腰花，淋入兑好的芡汁，翻熘均匀，出锅装盘即可。

操作要领

丝瓜炒至变色、变软即可。

营养贴士

本菜品具有治疗腰酸腰痛、遗精、盗汗的功效。

视觉享受：★★★★　味觉享受：★★★★　操作难度：★★★

豇豆炒肉

TIME 15分钟

菜品特点
酥软鲜嫩
鲜香适口

➡️ **主料：** 豇豆500克，鲜腊肉300克
👆 **配料：** 尖椒1个，白糖1小匙，料酒1小匙，精盐3/5小匙，水淀粉10克，鸡油25克，鸡汤适量

🔄 **操作步骤**

①豇豆撕去老筋，洗净，切小段；鲜腊肉洗净，切长条备用；尖椒切碎。

②炒锅烧热，倒入鸡油，加入肉丝翻炒片刻，再将豇豆煸至色变浅绿，加入鸡汤、白糖、料酒、精盐、尖椒碎，烧4分钟左右，用水淀粉勾芡，拌匀入味，出锅装盘即可。

⚡ **操作要领** ◄◄◄

豇豆的做法很多，但无论采用哪种做法，一定要加热煮熟，只有这样才能把对人体有毒的凝集素除掉。

👉 **营养贴士**

中医认为豇豆有除湿热、祛风痛的功效。

➡️ **主料：** 猪肉100克，金针菇200克
👆 **配料：** 香菜5克，盐、味精、淀粉、胡椒粉、姜、色拉油各适量

🔄 **操作步骤** ◄◄

①猪肉洗净切丝，然后倒入碗中，加入盐、淀粉、胡椒粉拌匀；金针菇泡发择净，入沸水略烫待用；香菜洗净切碎。

②锅放油烧至四成热，下肉丝过油炒散，待用。

③锅留底油，下姜炒香，倒入肉丝、金针菇，加盐、味精、胡椒粉调味，翻炒均匀，撒上香菜即可。

⚡ **操作要领** ◄◄◄

最后翻炒时间不宜过久。

👉 **营养贴士**

金针菇富含锌元素，具有健脑益智的功效。

视觉享受：★★★　味觉享受：★★★★　操作难度：★★★

肉丝烧金针

TIME 15分钟

菜品特点
营养丰富
汤汁浓香

湖南 小炒肉

TIME 8分钟

菜品特点
肥而不腻
拉椒爽口

● **主料：** 鲜猪肉 300 克，青椒 150 克
● **配料：** 姜、蒜各少许，盐、鸡精、酱油、植物油各适量

视觉享受：★★★★
味觉享受：★★★★
操作难度：★★

操作步骤

①猪肉切薄片；青椒切菱形片；姜、蒜切末。
②锅倒油烧热，放入姜、蒜炒香，加入猪肉煸炒至八分熟时加入青椒、酱油、盐一起煸炒至熟，最后加入鸡精调味即可出锅。

操作要领

猪肉最好选用有肥有瘦的，纯瘦肉做不出此菜的风味。

营养贴士

猪肉富含蛋白质及脂肪、碳水化合物等营养成分。

视觉享受：★★★★ 味觉享受：★★★★ 操作难度：★★

泡菜魔芋炒肉丝

TIME 20分钟

菜品特点
软口略妥
富有食欲

主料： 魔芋500克，四川泡菜50克，猪肉30克

配料： 红椒少许，豆瓣酱50克，泡姜、泡辣椒各20克，酱油、水淀粉、鸡粉各适量

操作步骤

①魔芋切条；猪肉洗净切丝；红椒洗净切丝；泡菜切条；泡姜切末；泡辣椒去籽切茸；豆瓣酱剁细。
②将魔芋条放入锅中焯透，捞出后过凉水。
③锅置火上，倒油烧热，下豆瓣酱爆香，倒入泡菜、红椒丝、猪肉丝、泡姜末、泡辣椒翻炒片刻，再倒入魔芋翻炒，加入清水，放鸡粉、酱油调味，最后用水淀粉勾芡即可出锅。

操作要领

须等泡菜炒香后再倒入魔芋。

营养贴士

魔芋富含高膳食纤维，具有减肥的功效。

主料： 芹菜100克，牛肉30克

配料： 红椒1个，姜末5克，精盐3/5小匙，味精2/5小匙，酱油1小匙，植物油25克，豆干适量

操作步骤

①牛肉洗净切丝；芹菜摘去老叶、黄叶，取茎部，洗净掰成段；红椒洗净，去蒂、籽，切末。
②炒锅置于旺火上烧热，锅中倒入植物油烧至六成热时，放入豆干炒至黄色盛起备用。
③锅内留少量植物油，放入姜末、红椒煸香，加入肉丝略炒，再加入芹菜、酱油、精盐，最后加入味精翻炒均匀入味，出锅装盘即可。

操作要领

菜最好不要用刀切段，用手揪成一段一段的，芹菜纤维的口感才爽脆。

营养贴士

菜品具有治疗痛风的功效。

视觉享受：★★★ 味觉享受：★★★ 操作难度：★★

芹香牛肉丝

TIME 10分钟

菜品特点
清淡素雅

糊辣银牙肉丝

TIME 15分钟

菜品特点
风味独特
清香脆嫩

> **主料:** 猪瘦肉 200 克,豆芽 100 克

> **配料:** 红辣椒 20 克,绍酒、植物油、酱油、醋、盐、白糖、鸡粉、淀粉、姜丝、花椒各适量

视觉享受: ★★★
味觉享受: ★★★
操作难度: ★★

操作步骤

①猪瘦肉洗净切丝,加入绍酒、鸡粉、植物油、盐、淀粉、姜丝拌匀上浆;豆芽洗净备用;红辣椒切丝。

②取碗倒入绍酒、酱油、白糖、醋、鸡粉、淀粉,再加入少许清水调成汁液备用。

③锅中热油,五成热时倒入辣椒丝、花椒爆香,放入肉丝翻炒,变色后加入豆芽炒熟,最后倒入调味汁炒匀即可。

操作要领

豆芽清洗时须去掉头和根。

营养贴士

豆芽富含维生素,具有清肝功效。

视觉享受：★★★★　味觉享受：★★★★　操作难度：★★★

尖椒五花肉

TIME 10分钟

菜品特点
味道鲜美
清香鲜嫩

- ➡ **主料：** 青、红辣椒各1个，五花肉200克
- 👉 **配料：** 姜末5克，精盐、鸡粉、味精各1/2小匙，香油适量，葱油4小匙

🥢 操作步骤

①五花肉切成片，用精盐稍腌；青、红辣椒洗净切片。
②锅点火，加入葱油烧热，先下入姜末炒香，加入五花肉翻炒片刻，再放入青、红辣椒炒至变色，加入精盐、鸡粉、味精翻炒均匀，再淋入香油，即可出锅装盘。

🔥 操作要领 ◀◀◀

新鲜的五花肉经过腌制后口感更嫩，更入味。

👉 营养贴士

本菜品具有补肾养血、滋阴润燥的功效。

- ➡ **主料：** 羊肉片适量
- 👉 **配料：** 葱花、姜丝、干辣椒、花椒、孜然粉、料酒、生抽、食盐、植物油各适量

🥢 操作步骤

①炒锅倒油，放入干辣椒、花椒小火煸炒出香味后捞出花椒不要，然后放入姜丝炒香，再放入羊肉片煸炒。
②炒至稍变色，加入料酒和少许生抽，大火煸炒至羊肉片断生。
③撒入孜然粉、少许食盐调味，放入葱花，略翻炒均匀即可。

🔥 操作要领 ◀◀◀

羊肉片很容易熟，所以大火快炒即可。

👉 营养贴士

羊肉鲜嫩，营养价值高，可作为肾阳不足、腰膝酸软、腹中冷痛、虚劳不足者的食疗品。

视觉享受：★★★★　味觉享受：★★★★　操作难度：★★★

孜然羊肉片

TIME 30分钟

菜品特点
肉片鲜嫩
味美爽口

油菜炒猪肝

TIME 40分钟

菜品特点
清香脆嫩
鲜香适口

▶ **主料：** 猪肝 500 克，油菜 500 克

▶ **配料：** 木耳 100 克，植物油、香油、酱油、醋、料酒、精盐、味精、白糖、水淀粉、干淀粉、葱末、姜末、蒜末各适量

操作步骤

①猪肝剔筋洗净，切片；油菜洗净撕成薄片；木耳泡发，撕片备用；空碗中加入葱姜蒜末、料酒、酱油、精盐、味精、白糖、醋、水淀粉和清水兑成芡汁。

②猪肝片加入干淀粉均匀上浆，锅中加油，八成热时下入猪肝片滑散，最后捞出沥油。

③锅中留底油，爆炒油菜，至九成熟盛出备用；锅中热油，倒入芡汁，待变浓后，淋入香油，倒入猪肝、

视觉享受：★★★★
味觉享受：★★★★
操作难度：★★★

油菜、木耳，炒匀即可。

操作要领

猪肝滑油要注意油的温度，不宜太热或太凉。

营养贴士

猪肝性温，富含维生素 A，具有补肝、明目的功效。

视觉享受：★★★★ 味觉享受：★★★★★ 操作难度：★★★

香干炒肉丝

TIME 25 分钟

菜品特点
肉味香浓
鲜咸咸香

> **主料：** 五香豆干 5 块，猪肉丝 30 克
> **配料：** 芹菜 20 克，红辣椒 1 个，葱、姜末各 10 克，精盐 3/5 小匙，味精 2/5 小匙，酱油 1 小匙，明油适量，植物油 25 克

操作步骤

①五香豆干切成粗丝；芹菜洗净切段；红辣椒洗净，切丝。

②炒锅置于旺火上烧热，锅中倒入植物油烧至六成热时，放入豆干炸至黄色盛起备用。

③锅内留少量植物油，放入葱末、姜末、辣椒煸香，加入肉丝略炒，再加入酱油、精盐，最后加入豆干丝、芹菜段、味精翻炒均匀入味，淋明油，出锅装盘即可。

操作要领

因为有的香干味道比较咸，所以要先尝下味道再适当放盐。

营养贴士

香干含有丰富的蛋白质、维生素 A、B 族维生素、钙、铁、镁、锌等营养元素，营养价值较高。

> **主料：** 茭白 300 克，猪肉 200 克
> **配料：** 红辣椒 1 个，精盐 1/2 小匙，酱油、料酒、醋各 1 小匙，味精 1/4 小匙，植物油 25 克

操作步骤

①将猪肉切粗丝，待用；茭白剥皮切粗丝；红辣椒洗净切丝。

②炒锅烧热，入植物油，油热后加入肉丝，炒变色后放茭白丝、辣椒丝煸炒，加精盐、料酒、酱油、味精、醋，继续煸炒，熟后出锅装盘即成。

操作要领

茭白应顺着纹路竖切，这样可以保留其原有口感。

营养贴士

茭白味甘，具有祛热、生津、止渴等功效。

视觉享受：★★★★ 味觉享受：★★★★ 操作难度：★★

茭白肉丝

TIME 20 分钟

菜品特点
色彩淡雅
满嘴可口

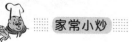

酸豆角炒肉末

TIME 15分钟

菜品特点
荤脆润嫩
配菜适口

> **主料：** 酸豆角 250 克，猪肉 200 克
>
> **配料：** 花生 5 克，干椒末 2 克，蒜泥 10 克，精盐、味精、酱油、熟猪油各适量

视觉享受：★★★
味觉享受：★★★
操作难度：★★

操作步骤

①酸豆角洗净，倒进温水中浸泡一小会儿，然后切碎；猪肉切末。

②锅置火上，倒入酸豆角翻炒，直至炒干水分后盛出。

③锅中倒入猪油烧热，下肉末煸炒，加精盐调味；最后倒入酸豆角、花生翻炒，加入蒜泥、干椒末、酱油炒匀；再加水焖煮，煮熟后收干汤汁，加入味精即可出锅。

操作要领

最后加水不宜过多。

营养贴士

豆角含有优质蛋白和不饱和脂肪酸，具有补肾健胃的功效。

视觉享受：★★★★　味觉享受：★★★★　操作难度：★★★

茭白烧腊肉

TIME 20分钟

菜品特点
鲜咸适宜
清淡爽口

> **主料：** 茭白 400 克，腊肉 100 克
> **配料：** 植物油、白糖、酱油、盐、鸡粉、淀粉各适量

操作步骤

①茭白去皮，切去老根，洗净后切条；腊肉洗净切成长条。
②锅中加油，六成热时下茭白条，炸至五成熟捞出。
③锅中留底油，翻炒腊肉，炒出香味后倒入茭白、盐、白糖、酱油炒匀，加入适量清水和鸡粉焖煮片刻，最后用淀粉勾芡即可。

操作要领

茭白切条之前，可以用刀背轻轻拍一下，这样可以使其变松软。

营养贴士

腊肉具有开胃祛寒、消食等功效。

> **主料：** 牛肉 500 克
> **配料：** 葱 10 克，姜 10 克，酱油 15 克，精盐 20 克，绍酒 15 克，八角 5 克，芝麻油 6 克，湿淀粉少许

操作步骤

①将整块牛肉加入开水焯一下，然后锅中添水，加入葱段、姜片和牛肉用大火煮沸，撇去浮沫后转小火焖煮，时间约 150 分钟。
②将熟牛肉切成长条，摆放到碗中，加入绍酒、酱油、精盐、八角、葱段、姜片和煮牛肉的原汤，上锅蒸约 20 分钟。将蒸好的牛肉除去八角，只留葱丝装入盘中。
③锅中倒入蒸牛肉的汤汁，大火煮沸，再用湿淀粉勾芡，淋上芝麻油，最后浇在牛肉上即可。

操作要领

蒸牛肉时宜用旺火。

营养贴士

牛肉味甘、性平，是滋补脾胃、补气益血的佳品。

视觉享受：★★★★★　味觉享受：★★★★　操作难度：★★★

扒牛肉条

TIME 180分钟

菜品特点
色泽红润
牛肉酥烂

干炒猪肉丝

TIME 15分钟

菜品特点
酱辣味浓
质青嫩身

▶ **主料:** 猪肉300克

▶ **配料:** 香干50克,芹菜30克,酱油、盐、食用油、辣椒酱、姜、蒜各适量

视觉享受:★★★★
味觉享受:★★★★
操作难度:★★

 操作步骤

①芹菜洗净切段,撒上盐调匀,腌约5分钟,然后冲洗干净,控干;姜、蒜切末备用。

②香干切粗丝;猪肉洗净切丝,加盐、酱油拌匀。

③锅中倒油烧热,倒入辣椒酱、姜、蒜爆香,加入猪肉丝翻炒,肉丝变色后加入香干、芹菜继续翻炒。最后加入酱油炒匀即可。

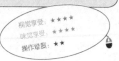 **操作要领**

辣椒酱宜采用豆瓣酱为佳。

营养贴士

猪肉富含蛋白质和脂肪酸,具有润肠胃、补肾气等功效。

视觉享受：★★★ 味觉享受：★★★★ 操作难度：★★★

生炒牛肉丝

TIME 15分钟

菜品特点
脆嫩清爽
鲜咸味美

🔴 **主料**：嫩牛肉 150 克

👉 **配料**：莴笋 100 克，青蒜 25 克，花生油 50 克，盐 3 克，味精、小苏打各 1 克，湿淀粉 10 克，鲜汤、葱花、姜末各适量

🔄 操作步骤

①牛肉洗净切丝，加入盐、小苏打和湿淀粉抓匀上浆；莴笋去皮，洗净切丝；青蒜洗净切段。

②锅中热油，七成热时倒入莴笋爆炒，然后出锅备用。

③锅中热油，八成热时下入葱花、姜末爆香，倒入肉丝快炒至变色，再倒入莴笋，加入盐、鲜汤、青蒜段继续翻炒，炒熟后即可加入味精出锅。

⚠️ 操作要领

炒肉丝和莴笋都须以大火爆炒。

👉 营养贴士

本菜品具有散寒止痛、消食下气的功效。

🔴 **主料**：腊肉 200 克，罗汉笋 50 克

👉 **配料**：红辣椒、盐、味精、料酒、水淀粉、色拉油各适量

🔄 操作步骤

①腊肉切成片；罗汉笋洗净切成条；红辣椒切丝。

②起锅放色拉油加热至110℃，将肉片入锅滑油，用料酒、盐、味精炒熟，捞出待用。

③锅留底油煸罗汉笋，加入红辣椒略炒后加盐调味，用水淀粉勾芡，倒入肉片，拌匀即成。

⚠️ 操作要领

腊肉咸味偏重的话，就不用放盐。

👉 营养贴士

罗汉笋营养价值很高，对缓解咳喘、失眠等症有疗效。

视觉享受：★★★ 味觉享受：★★★ 操作难度：★★★

罗汉笋炒腊肉

TIME 10分钟

菜品特点
清肥素口
味道香浓

菜头炒腊肠

TIME 20 分钟

菜品特点
香辣爽口
茶香碗齿

> **主料：**腊肠 1 根，青菜头 2 个

> **配料：**芹菜 50 克，肉 10 克，红辣椒 1 个，姜末、蒜末各少许，盐、味精、料酒、植物油各适量

操作步骤

①芹菜洗净切段；肉洗净切薄片；红辣椒去籽洗净，切成块；腊肠切成片；青菜头洗净切片。

②锅放油加热，爆香蒜末、姜末，将腊肠入锅滑炒，加料酒、味精炒熟，捞出待用。

③锅留底油煸青菜片、芹菜段、肉片、红辣椒，略炒后加盐调味，倒入腊肠，炒匀装盘即可。

视觉享受：★★★
味觉享受：★★★★
操作难度：★★

操作要领

油煸腊肠时，火不能太大，以免腊肠变焦。

营养贴士

腊肠可开胃助食，增进食欲。

视觉享受：★★★　味觉享受：★★★★　操作难度：★★

生炒羊肉片

TIME 15分钟

菜品特点
鲜香味美
肉嫩可口

> **主料：** 羊肉400克
> **配料：** 青、红椒各1个，茼蒿杆50克，大蒜8瓣，生姜1块，食用油30克，香油、料酒各1/3小匙，胡椒粉少许，精盐、味精各1小匙，淀粉、豆瓣酱各适量

操作步骤

①羊肉洗净切片，茼蒿杆洗净切段；姜、青椒、红椒、大蒜分别洗净切片备用。
②锅中放油，油热后下姜、蒜、豆瓣酱炒香，倒入羊肉片和料酒爆炒。
③炒至变色后加入青椒、红椒、茼蒿杆、精盐、味精、胡椒粉继续翻炒片刻，最后用淀粉勾芡，淋上香油即可出锅。

操作要领

切羊肉片时，要尽量做到薄而均匀，以便同时炒熟。

营养贴士

羊肉性热，可补体虚，抵御寒邪。

> **主料：** 羊肉400克
> **配料：** 红辣椒、蒜片、姜丝、精盐、味精、香辣酱、茶油各适量

操作步骤

①将羊肉洗净，切丝备用；红辣椒洗净切丝。
②锅中加入茶油烧至七成热，先放入香辣酱炒香，再放入羊肉丝炒匀，加入姜丝，然后放入蒜片，再加入精盐、味精调味即可。

操作要领

炒辣酱时，要小火炒出香味，防止火大焦而不香。

营养贴士

本菜品具有温补气血、开胃健力、补益产妇、通乳治带的功效。

视觉享受：★★★★★　味觉享受：★★★★　操作难度：★★★

家常炒羊肉丝

TIME 15分钟

菜品特点
鲜嫩可口
增加食欲

尖椒白干炒腊里脊

TIME 100分钟

菜品特点
肉质软嫩
口感丰富

▶ **主料**：腊里脊肉 150 克，青椒 50 克，白干 3 块
▶ **配料**：木耳 5 克，鲜汤、色拉油各 50 克，精盐 4 克，豆豉 10 克，大蒜粒 5 克，酱油、鸡精各 3 克

🍳 操作步骤

①腊里脊肉放入清水中浸泡约 60 分钟，放入锅中蒸约 30 分钟，放凉后切成薄片；青椒斜刀切片；木耳放入水中浸泡片刻。

②锅中热油，四成热时加入白干煎炸，当外皮炸硬后捞出切片。

③锅中热油，六成热时倒入青椒、豆豉、蒜粒爆香，加入白干、里脊、木耳翻炒，调入精盐、酱油、鸡精继续煸炒 1 分钟，浇上鲜汤，翻炒均匀即可。

视觉享受：★★★
味觉享受：★★★
操作难度：★★★★

🔥 操作要领

翻炒时须采用大火。

📖 营养贴士

白干富含蛋白质，非常适合身体虚弱、营养不良病者食用。

视觉享受：★★★★ 味觉享受：★★★ 操作难度：★★

白菜梗炒肉丝

TIME 25分钟

菜品特点
脆嫩可口
肉丝鲜嫩

● 主料：白菜梗 300 克，鲜猪肉 100 克
● 配料：鲜红椒 5 克，猪油、盐、酱油、味精、蒜茸香辣酱、水淀粉各适量

操作步骤

①用水洗净白菜梗，然后切成长丝；红椒去蒂切丝。
②鲜猪肉洗净切丝，加入盐、酱油和水淀粉上浆入味。
③锅中倒入猪油，八成热时倒入肉丝翻炒，变色后加入红椒丝和白菜梗丝，调入味精、蒜茸香辣酱翻炒。炒熟出锅装盘即成。

操作要领

翻炒应用大火快炒。

营养贴士

猪肉性平味甘，具有补虚、滋阴、润燥等多种功效。

● 主料：青杭椒 100 克，羊肉 150 克
● 配料：植物油、盐、味精、辣椒酱各适量

操作步骤

①青杭椒洗净，切成细丝；羊肉洗净切丝。
②锅热油，先干煸青杭椒，增加干香味，再加入羊肉丝翻炒，最后加入盐、味精、辣椒酱调味即可。

操作要领

在翻炒时，一定要使用旺火。

营养贴士

杭椒富含维生素 C，具有缓解疲劳的显著功效。

视觉享受：★★★ 味觉享受：★★★★ 操作难度：★★

杭椒炒羊肉丝

TIME 5分钟

菜品特点
鲜香微辣
肉质鲜嫩

75

TIME 20分钟

菜品特点
外焦里嫩
色泽鲜红

焦熘里脊片

➡ **主料:** 猪里脊肉 200 克

➡ **配料:** 精盐、姜末各 1 克,葱末、蒜末各 2.5 克,酱油 10 克,醋 15 克,清汤 200 克,鸡蛋清 1 个,湿淀粉 50 克,花生油 1000 克

视觉享受: ★ ★ ★ ★
味觉享受: ★ ★ ★ ★
操作难度: ★ ★ ★

🔄 操作步骤

①猪里脊肉洗净切成长片,加入鸡蛋清、精盐、湿淀粉抓匀。

②锅中热油,煎炸里脊片;锅中留底油,加入葱、姜、蒜末爆香,倒入清汤、醋、酱油烧沸,湿淀粉勾芡后倒入里脊片,翻炒均匀即可出锅。

🔖 操作要领

芡汁要调配适中,不宜过多,确保无过多余汁。

👉 营养贴士

本菜品具有补肾养血、补虚滋阴的功效。

视觉享受：★★★★ 味觉享受：★★★★ 操作难度：★★★

百叶结烧肉

TIME 30 分钟

菜品特点
香气诱人
细而不腻

- **主料：** 猪肉 450 克，百叶结 200 克
- **配料：** 姜 2 片，八角 1 颗，小苏打少许，酱油 1 小匙，糖、蚝油各 1 大匙，白酒 100 克，植物油适量

操作步骤

①肉切块，放入油锅中干煸至上色，加入八角，用姜片、白酒爆香，加入酱油、百叶结，入滚水中加小苏打汆烫后捞出。
②锅中烧水放入肉、酱油、糖、蚝油，煮至入味。
③最后放入百叶结烧至入味即可。

操作要领

只用酱油的话，可以在最后加入适量盐调味。

营养贴士

本菜品具有润肤防皱的功效。

- **主料：** 猪肉 100 克，冬笋 100 克
- **配料：** 菠菜 50 克，植物油、精盐、味精、绍酒、鲜姜各适量

操作步骤

①猪肉切细丝；冬笋洗净，过水，切成同样的细丝；姜洗净、去皮，切成极细的末；菠菜洗净备用。
②把炒锅放在旺火上，放入植物油、肉丝、冬笋丝、菠菜，急火煸炒，再放入精盐、味精、绍酒、姜末继续煸炒，炒熟装盘即成。

操作要领

冬笋要焯水口感才更好，但是焯水比较麻烦，所以放在开水里浸泡几分钟即可。

营养贴士

本菜品具有开胃消食、降脂瘦身的功效。

视觉享受：★★★★★ 味觉享受：★★★★ 操作难度：★★★

冬笋肉丝

TIME 15 分钟

菜品特点
色泽清雅
鲜香爽滑

金针菇爆肥牛

TIME 20分钟

菜品特点
鲜香滑嫩
味道微咸

➡ **主料：** 肥牛300克，金针菇200克

➡ **配料：** 姜1个，精盐、鸡精各1小匙，白糖1/2小匙，植物油30克，葱适量

视觉享受：★★★
味觉享受：★★★★★
操作难度：★★★★

🔄 操作步骤

①金针菇去蒂，洗净后撕散备用；肥牛肉洗净切片；姜切片；葱切碎。

②将金针菇放入开水中焯一下，控干水分。

③坐锅点火倒油，下葱、姜爆香，放入肥牛肉片翻炒片刻，再放入焯好的金针菇翻炒，加入精盐、鸡精、白糖调味，翻炒均匀即可。

🔖 操作要领

牛肉做得好不好吃，关键全在火候的拿捏上，而且本地牛肉绝对比进口牛肉要鲜。

☞ 营养贴士

本菜品具有滋养脾胃、强健筋骨的功效。

视觉享受：★★★★　味觉享受：★★★★　操作难度：★★★

韭黄炒肉丝

TIME 15分钟

菜品特点
此菜清爽
肉滑菜嫩

主料： 猪肉 200 克，韭黄 200 克

配料： 红辣椒 1 个，植物油、葱、酱油、料酒、姜、盐、淀粉各适量

操作步骤

①将猪肉切成细丝，用酱油、淀粉、料酒调汁浸泡；韭黄洗净切段；红辣椒切丝。

②油锅热后，先煸葱、姜，拣出，然后将肉丝放入炒几下，将韭黄、红辣椒、盐倒入锅内一并烩炒即成。

操作要领

韭黄不宜炒太久。

营养贴士

本菜品具有行气活血、补肾助阳的功效。

主料： 鸭肝 400 克

配料： 青、红尖椒各 50 克，香葱 30 克，鸡精 1 小匙，盐 1/5 小匙，植物油 30 克，姜末、蒜末各 2 克

操作步骤

①鸭肝入沸水中大火焯 2 分钟，清除污物，切三角形薄片；青、红尖椒切块；香葱切段。

②锅内放入植物油，烧至七成热时放入姜末、蒜末爆香，入青尖椒、红尖椒、鸭肝大火翻炒均匀，加入香葱，用盐、鸡精调味后出锅装盘。

操作要领

烹调时间不能太短，至少应该使鸭肝完全变成灰褐色，看不到血丝才好。

营养贴士

鸭肝含有丰富的营养物质，是最理想的补血佳品之一。

视觉享受：★★　味觉享受：★★★　操作难度：★★★★

小炒肝尖

TIME 25分钟

菜品特点
色泽红亮
味美适口

蒜薹腊肉

TIME 10分钟

菜品特点

红绿相间
清香爽口

> **主料：** 蒜薹、腊肉各适量

> **配料：** 红椒1个，植物油、姜片、盐、绵白糖各适量

视觉享受：★★★★★
味觉享受：★★★★★
操作难度：★★★★

操作步骤

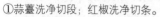

①蒜薹洗净切段；红椒洗净切条。

②将腊肉放入开水中煮一下，然后捞出放凉，切成长条。

③锅置火上，倒入植物油，油热后下腊肉翻炒，炒至透明下姜片、红椒同炒，再倒入蒜薹段，最后加盐、绵白糖调味即可。

操作要领

腊肉宜选用稍肥的。

营养贴士

蒜薹具有补虚、调和脏腑的功效。

80

视觉享受：★★★★ 味觉享受：★★★★ 操作难度：★★★

芝麻肉丝

TIME 50分钟

菜品特点
口感香醇
肉香可口

- **主料：** 猪瘦肉 500 克，熟芝麻 25 克
- **配料：** 鲜汤 350 克，料酒、姜末、葱、糖色、香油各 10 克，盐 4 克，菜油 500 克，白糖 25 克，八角 2 克，味精 1 克

操作步骤

①猪瘦肉洗净切丝，加入料酒、姜末、葱、盐拌匀，腌制约 30 分钟。

②锅中倒油，烧热后倒入肉丝煎炸，炸至浅黄色时捞出，沥干油。

③净锅置火上，倒入鲜汤、肉丝烧煮，煮沸后撇去浮沫，加盐、白糖、八角、糖色调味，再次煮沸后转小火收汁，最后放味精、香油，出锅装盘撒上熟芝麻即成。

操作要领

一定要等汤汁收干吐油时再出锅。

营养贴士

芝麻含有多种人体必需氨基酸，具有补肝肾、润五脏的功效。

- **主料：** 五花肉 300 克，花菜 100 克
- **配料：** 红辣椒 1 个，植物油、蚝油、葱、姜、豆豉辣酱、食盐、鸡精各适量

操作步骤

①将花菜洗净撕成条状；红辣椒洗净切段；五花肉倒入蚝油抓匀，腌约 10 分钟。

②锅中倒入植物油，油热后放葱、姜爆香，倒入五花肉，炒至变色再加入花菜、豆豉辣酱、食盐翻炒。

③加红辣椒、鸡精翻炒均匀即可。

操作要领

因为蚝油本身带有咸味，所以不宜加太多食盐。

营养贴士

花菜性平味甘，具有强肾壮骨、健脾养胃、清肺润喉等多种功效。

视觉享受：★★★ 味觉享受：★★★★ 操作难度：★★

花菜干炒肉

TIME 15分钟

菜品特点
鲜香肉嫩
微辣爽口

TIME 13分钟

菜品特点
清爽可口
营养丰富

湖南腊肉炒三鲜

➡️ **主料：** 腊肉 100 克，芹菜 50 克，木耳 30 克

👉 **配料：** 植物油 50 克，酱油、精盐各 1 小匙，胡萝卜 1 个

视觉享受：★★★
味觉享受：★★★
操作难度：★★

🍴 操作步骤

①木耳浸泡约 5 分钟；芹菜洗净切段；胡萝卜洗净切片；腊肉用热水浸泡后洗净，切薄片。

②热锅倒油，八成热后加入腊肉翻炒至肥肉变色，放入木耳、芹菜段、胡萝卜片翻炒。

③加入少量清水稍煮一下，加入酱油、精盐调味，装盘即可。

📣 操作要领

木耳不宜浸泡太长时间，以免影响口感。

👉 营养贴士

木耳含有丰富的铁元素，具有养血补气、润肺补脑的功效。

家常禽蛋小炒

爆炒鸡胗花

TIME 20分钟

菜品特点
香辣可口
增进食欲

- **主料：** 鸡胗 300 克
- **配料：** 葱丝、姜末、蒜片、红辣椒、食用油、食盐、黄酒、鸡精、淀粉各适量

视觉享受 ★★★
味觉享受 ★★★★
操作难度 ★★

操作步骤

①将鸡胗表层黄色膜撕去，然后洗净对半切开；红辣椒洗净切片。

②鸡胗中加入淀粉和少许黄酒上浆，时间约10分钟。

③锅中倒入食用油，油热加入葱丝、姜末、蒜片爆香，倒入鸡胗翻炒，最后加入辣椒片、食盐，待炒熟出锅时加入鸡精炒匀即可。

操作要领

翻炒鸡胗时，以大火为佳。

营养贴士

鸡胗具有消食导滞、帮助消化的良好功效。

视觉享受：★★★ 味觉享受：★★★ 操作难度：★★★

鸡脯焖三珍

TIME 30分钟

菜品特点
鲜香爽有
肉质软嫩

⊖ **主料：** 鸡脯 50 克，滑子菇 30 克，木耳、竹笋各 20 克

⊙ **配料：** 植物油、葱、姜、酱油各适量

🔄 操作步骤

①木耳浸泡水中；鸡脯洗净，用开水烫一下；竹笋放入锅中，大火煮沸捞出，冷却后再放入清水中浸泡片刻，然后切段；滑子菇洗净备用。

②锅中热油，八成热时下葱、姜爆香，倒入鸡脯、木耳、滑子菇和竹笋翻炒，倒入酱油炒匀出锅。

③将炒好的菜放入电压力锅加热，时间约 20 分钟。

🔆 操作要领 ◀◀◀

鸡脯用开水烫一下就好，而不要下锅焯，以防肉质变老。

👉 营养贴士

鸡脯对消食导滞疗效显著。

⊖ **主料：** 鲜虾仁 250 克，鸡蛋液 260 克

⊙ **配料：** 葱 1 棵，精盐 1 小匙，味精 1/2 小匙，干淀粉 3 克，小苏打、芝麻油各适量，胡椒粉少许，植物油适量

🔄 操作步骤

①葱洗净切花；鲜虾仁洗净，用毛巾吸干水分；把鸡蛋液、味精、精盐、干淀粉、小苏打一并放在碗中搅成糊状，再加入已吸干水分的鲜虾仁搅匀，放入冰箱腌 120 分钟取出。

②将余下的鸡蛋液加入精盐、味精、胡椒粉、植物油，搅拌成蛋浆。

③用中火烧热炒锅，下油烧至微沸，放入虾仁泡油约半分钟，用笊篱捞起，倒入蛋浆，再倒入葱花拌成鸡蛋料。

④余油倒出，炒锅放回炉上，下油，倒入鸡蛋料，边炒边加油，炒至刚凝结便淋入芝麻油上碟。

🔆 操作要领 ◀◀◀

虾仁用蛋清淀粉上浆后炒出来会很滑嫩；用笨鸡蛋颜色更漂亮，蛋液里先放少许盐，炒出来的鸡蛋才会有味道。

👉 营养贴士

虾仁体内很重要的一种物质就是虾青素，就是虾表面红颜色的成分，虾青素是目前发现的功效最强的一种抗氧化剂，虾的颜色越深说明虾青素含量越高。

视觉享受：★★★★ 味觉享受：★★★★★ 操作难度：★★★

滑蛋虾仁

TIME 130分钟

菜品特点
色泽浅黄
质地软滑

干炒辣子鸡

TIME 25分钟

菜品特点
美味可口
鲜嫩爽滑

> **主料:** 小母鸡1只

> **配料:** 植物油50克, 干红辣椒6克, 芹菜5克, 蒜片、生姜、精盐、味精、醋、花椒、水淀粉、鸡汤、香油各适量

视觉享受: ★★★
味觉享受: ★★★★
操作难度: ★★★

操作步骤

①活小母鸡宰杀, 去毛, 开膛, 摘除内脏后, 洗净放开水锅中煮至七成熟, 捞出后稍凉, 剁成5厘米长、2厘米宽的骨排块, 然后放在油锅里炸熟。

②干红辣椒切成小段; 芹菜切成小段; 生姜切丝待用。

③锅内倒入植物油烧至六成热时, 下花椒炸出香味后捞出, 倒入芹菜段、蒜片、姜丝、干红辣椒煸炒

几下, 再倒入鸡块煸炒, 加精盐、味精、醋、鸡汤稍焖, 待鸡汤快收干时, 放水淀粉勾芡, 淋入香油, 出锅盛盘。

操作要领

炸鸡的时候, 火不要太大, 不然容易煳。

营养贴士

此菜品具有暖身温中、增强免疫力的功效。

视觉享受：★★★★★ 味觉享受：★★★★★ 操作难度：★★★

蛤蜊烧鸡块

TIME 30分钟

菜品特点
肉质鲜嫩
香味浓厚

> **主料：** 蛤蜊400克、带骨鸡肉400克
> **配料：** 植物油、葱、姜、蒜、花椒、海鲜酱油、干辣椒、料酒、糖、盐、鸡精各适量

操作步骤

①蛤蜊放在盐水中浸泡吐沙，然后沥干备用；带骨鸡肉剁小块备用。

②锅置火上倒油，油热后下葱、姜、蒜、干辣椒和花椒爆锅，下鸡肉翻炒至表皮变色后加海鲜酱油、料酒、糖继续翻炒。

③加入开水没过鸡肉焖烧至熟，锅内剩少许汤汁时，下蛤蜊翻炒，根据口味调入盐、鸡精出锅。

操作要领

蛤蜊不用炒很久，炒到蛤蜊全大开口即可。

营养贴士

蛤蜊低热能、高蛋白、少脂肪，能防治中老年人慢性病，物美价廉。

> **主料：** 鸡胸脯肉150克
> **配料：** 花生油60克，核桃仁20克，鸡蛋1个，小麦面粉30克，玉米面（白）、江米酒各15克，精盐5克，胡椒粉、味精各适量

操作步骤

①将核桃仁放在开水中浸泡约2分钟，然后剥皮备用。

②鸡胸脯肉切成片状，约3厘米长。将鸡胸脯肉中倒入江米酒、精盐、胡椒粉、味精调匀，然后腌渍约10分钟。

③鸡蛋打入碗中，加入玉米面和小麦面粉搅拌均匀；然后倒入核桃仁和鸡条，涂抹均匀即可下锅煎炸，炸至杏黄色即可。

操作要领

为了减少油腻感，可以搭配芹菜段一起食用。

营养贴士

鸡胸脯含有丰富的蛋白质，具有增强体力的功效。

视觉享受：★★★ 味觉享受：★★★★ 操作难度：★★★★

核桃炸鸡片

TIME 30分钟

菜品特点
桃仁酥香
鸡肉香嫩

板栗炒鸡块

TIME 15分钟

菜品特点
味道鲜美
利于消化

主料： 鸡肉 250 克，栗子肉 100 克

配料： 植物油 150 克，料酒 2 小匙，酱油 1 大匙，青椒、红椒各 1 个，葱段、白糖、醋、香油、精盐、生粉各适量

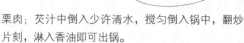

视觉享受：★★★★
味觉享受：★★★★
操作难度：★★★

操作步骤

①将鸡肉洗净切成小块，加入精盐、料酒搅匀，再用生粉水调稀搅拌上浆。

②青、红椒洗净切丝；在空碗中倒入料酒、酱油、醋，再加入适量白糖，用生粉、水调成芡汁。

③将上浆的鸡块倒进油锅中用筷滑散，加入栗子肉、青椒丝、红椒丝爆炒，待鸡肉变成玉白色时捞出，沥干油。

④锅中重新热油，油热后下葱段爆香，倒入鸡块和栗肉；芡汁中倒入少许清水，搅匀倒入锅中，翻炒片刻，淋入香油即可出锅。

操作要领

鸡肉须先上浆再滑炒。

营养贴士

鸡肉含有对人体生长发育有重要作用的磷脂类物质，是中国人膳食结构中脂肪和磷脂的重要来源之一。

视觉享受：★★★★　味觉享受：★★★★　操作难度：★★★★

贵妃鸡翅

TIME 45 分钟

菜品特点
外酥里嫩
味道鲜美

> **●主料：** 鸡翅 500 克
> **●配料：** 胡萝卜 50 克，色拉油少许，冰糖、葱段、姜片、生抽、老抽各适量

🍴 操作步骤

①用清水洗净鸡翅，用刀在内面切口，倒入适量老抽、生抽，放置 30 分钟。

②将胡萝卜洗净，切成三角块备用。

③锅内倒油，烧至温热时，将鸡翅倒入锅中煎，待鸡翅煎至金黄时，加入姜片、葱段、冰糖、适量清水；烧煮 15 分钟左右，即可转大火，待汤汁完全烧干后出锅。

④盘中摆好胡萝卜块，两块一组，在上面放上鸡翅即可。

🥄 操作要领 ◄◄◄

鸡翅入锅之前用盐稍腌一会儿会更入味。

👉 营养贴士

鸡翅的营养成分与鸡肉相近，具有温中益气、补虚填精、健脾胃、活血脉、强筋骨的功效。

> **●主料：** 鸡翅 600 克
> **●配料：** 菠菜 50 克，植物油 50 克，大葱 10 克，精盐、白糖、酱油各适量

🍴 操作步骤 ◄◄●

①将鸡翅处理干净，用刀在表面划上几刀，用盐稍腌；大葱洗净一半切片，一半切花。

②油锅内放入白糖，炒到白糖熔化，当白糖变成金黄色时，放入洗干净的鸡翅中火翻炒，直到每块鸡翅都变成漂亮的金黄色。

③放入一些热水，水量到淹没鸡翅为宜；放入调料和葱片，一小勺酱油，一勺精盐。

④用中火把鸡翅炖烂，汤汁变少时改大火把汁收浓（以不干锅为准）。

⑤烧水将菠菜烫熟，然后过凉水，加精盐、酱油拌均匀，摆放盘中，在上面放上鸡翅，再撒上葱花即可。

🥄 操作要领 ◄◄◄

鸡翅腌前在表面划上几刀会更入味。

👉 营养贴士

鸡翅的蛋白质含量高、种类多，而且易消化，很容易被人体吸收利用，有增强体力、强壮身体的功效。

视觉享受：★★★★　味觉享受：★★★★　操作难度：★★★

生煎鸡翅

TIME 50 分钟

菜品特点
外酥里软
脊香可口

葱炒鸭胸肉

TIME 25分钟

菜品特点
菜色齐全
营养丰富

● **主料：** 鸭胸肉 200 克，洋葱 1 个

● **配料：** 木耳 5 克，油菜少许，盐 1/4 小勺，料酒、生粉各 1 大勺，胡椒粉、生抽各 1/2 小勺，植物油适量

视觉享受：★★★★★
味觉享受：★★★★★
操作难度：★★★★

操作步骤

①鸭胸肉去皮，洗净后切片；洋葱剥皮切片；木耳泡发；油菜洗净切片。

②鸭胸肉放入空碗中，加料酒、盐、胡椒粉、生抽腌约 10 分钟；然后用生粉抓匀。

③锅置火上，倒油烧热，放入鸭胸肉翻炒，变色后盛出备用。

④锅留底油，下洋葱、木耳、油菜翻炒片刻，再倒入炒过的鸭胸肉炒匀即可。

操作要领

鸭胸肉翻炒盛出后，须沥干油再炒。

营养贴士

洋葱味甘、微辛、性温，具有防癌抗衰老的功效。

视觉享受：★★★ 味觉享受：★★★ 操作难度：★★★★

辣味鸡丝

TIME 10分钟

菜品特点
色泽美观
鸡丝鲜嫩

◯ **主料：** 鸡脯肉150克，笋100克

◯ **配料：** 植物油、盐、味精、胡椒粉、红椒丝、姜、辣椒油各适量

操作步骤

①鸡脯肉切丝待用；笋洗净切丝；姜切丝备用。

②锅放油烧至四成热，下鸡丝过油炒散，待用。

③锅留底油，下姜丝炒香，倒入鸡丝、笋丝、红椒丝翻炒，加辣椒油、盐、味精、胡椒粉调味，翻炒均匀即可。

操作要领

如果辣味不足，可以加入青椒丝一起炒。

营养贴士

本菜品具有增强智力和提高免疫力的功效。

◯ **主料：** 黄瓜1500克，咸鸭蛋400克

◯ **配料：** 猪油（炼制）70克，鸡油15克，湿淀粉（豌豆）13克，盐7克，味精2克，胡椒粉1克

操作步骤

①黄瓜洗净切斜方块；咸蛋蒸熟放凉，取出蛋黄，切成小方丁。

②锅中倒油，六成热时下入黄瓜炸熟，然后沥干油捞出。

③锅中留少许油，再次下入黄瓜，加盐、味精和胡椒粉调味，最后用湿淀粉勾芡，加入蛋黄拌匀，装盘淋上鸡油即成。

操作要领

炸黄瓜时，需要倒入多一些猪油。

营养贴士

黄瓜富含葫芦素C，具有提高人体免疫功能的功效。

视觉享受：★★★★ 味觉享受：★★★ 操作难度：★★

蛋黄烧黄瓜

TIME 20分钟

菜品特点
颜色鲜嫩
菜肴可口

蛋黄炒茄排

菜品特点
香酥可口

> **主料：** 茄子 200 克，咸蛋黄 2 个
> **配料：** 红椒少许，淀粉适量，料酒 1 大匙，盐、味精各 1 小匙

视觉享受：★★★★★
味觉享受：★★★★★
操作难度：★★★★

操作步骤

①茄子去皮，洗净切成柱体，加料酒和盐腌约 15 分钟，然后挤干水分，裹上一层淀粉备用。
②咸蛋黄上锅蒸熟，然后压碎；红椒切丁。
③锅置火上，倒油烧热，下茄子以小火炸至表皮酥脆。
④锅留底油，下咸蛋黄翻炒片刻，再加入茄子、红椒丁炒匀，加味精调味即成。

操作要领

腌茄子须注意好时间，待茄子变软为佳。

营养贴士

咸蛋黄富含蛋白质、维生素 A，可以有效缓解食欲减退等症。

视觉享受：★★★★★ 味觉享受：★★★★☆ 操作难度：★★★★

丝瓜炒鸡蛋

TIME 8分钟

菜品特点

味道微苦
清爽可口

⊃主料： 丝瓜 400 克，鸡蛋 4 个

⊃配料： 植物油 70 克，葱花、姜丝各 15 克，红椒丝 10 克，精盐、鸡粉各 1/3 小匙，味精 3 小匙，白糖 1/4 匙

🔄 操作步骤

①蛋磕入碗中搅散；丝瓜去皮洗净，切成片，下入加有适量精盐、植物油的沸水中焯烫一下，捞出冲凉沥干备用。

②锅上火，加油烧热，倒入鸡蛋液炒成蛋花，盛出沥油备用。

③锅中留底油烧热，下入葱花、红椒丝、姜丝炒香，再放入丝瓜片、精盐、味精、白糖、鸡粉翻炒，最后放入蛋花翻炒均匀即可出锅。

🍳 操作要领 ◀◀◀

丝瓜焯烫后可以用冷水冲一下，以保持颜色的翠绿。

👉 营养贴士

本菜品具有清热解暑、明目解毒的功效。

⊃主料： 鸡蛋 2 个，尖椒 400 克

⊃配料： 植物油 50 克，精盐 1 小匙，花椒水、葱花各 2 小匙，味精 2/5 小匙，姜末 5 克

🔄 操作步骤

①尖椒去蒂、去籽，切成丝；将鸡蛋磕入碗中，加适量精盐、味精搅匀，备用。

②锅上火，加适量油烧热，倒入蛋液炒成穗状，出锅装盘，备用。

③锅上火，加底油烧热，用葱、姜炝锅，放入尖椒、花椒水煸炒，再放入精盐、炒好的鸡蛋，炒至熟，加味精调味，装盘即可。

🍳 操作要领 ◀◀◀

炒鸡蛋时，加入几滴水，炒熟的蛋会更蓬松。

👉 营养贴士

本菜品具有养血滋阴的功效。

视觉享受：★★★★ 味觉享受：★★★★★ 操作难度：★★★★

尖椒炒鸡蛋

TIME 5分钟

菜品特点

蛋花金黄
尖椒翠绿
鲜嫩适口

双椒鸭掌

TIME 25分钟

菜品特点
味道鲜美
增加食欲

主料: 鸭掌 300 克

配料: 青椒、红椒各适量,料酒 1 大匙,植物油 30 克,淀粉、盐、蒜各适量

视觉享受: ★★★★
味觉享受: ★★★★★
操作难度: ★★★★

操作步骤

①鸭掌加料酒汆烫后捞出洗净；青椒、红椒洗净切粒；蒜剥皮切碎。

②热油,加入青椒、红椒、鸭掌、蒜、盐炒匀,再用淀粉勾芡,略煮即成。

操作要领

鸭掌汆烫至九成熟即可。

营养贴士

鸭掌富含蛋白质,低糖,脂肪少,所以鸭掌可以称为绝佳减肥食品。

94

视觉享受：★★★ 味觉享受：★★★★ 操作难度：★★★

芹黄炒鸡条

TIME 15分钟

菜品特点
清香爽口
肉质细嫩

主料： 鸡腿肉200克，芹黄100克

配料： 红辣椒1个，精盐4克，酱油、醋各5克，绍酒、生姜各10克，化猪油75克，水淀粉30克，鲜汤适量

操作步骤

①鸡腿肉洗净切条，加入绍酒、精盐、水淀粉拌匀；在空碗中倒入盐、酱油、醋、绍酒、鲜汤、水淀粉兑成调味汁备用。

②红辣椒切丝；芹黄洗净切段；生姜切丝。

③锅中热油，六成热时倒入鸡条煎炸。最后放入生姜丝、芹黄和辣椒丝翻炒，淋入碗内调味汁，汤汁收紧时即可出锅。

操作要领

芹黄不可炒太长时间，以保留嫩脆口感。

营养贴士

本菜具有增强体力、强身健体的功效。

主料： 黄瓜150克，鸡蛋4个

配料： 色拉油、盐、味精、姜丝、香油各适量

操作步骤

①将黄瓜洗净，切片，倒入加少许盐的沸水锅中焯水，捞出沥干；鸡蛋打入碗内，调入少许盐搅匀备用。

②净锅上火，倒入色拉油烧热，下姜丝爆香，放入鸡蛋液炒熟，再下入黄瓜，放入盐、味精翻炒均匀，淋香油即可。

操作要领

此菜要注意把握火候，不要炒得太老。

营养贴士

本菜具有降低血糖和防治癌症的功效。

视觉享受：★★★★ 味觉享受：★★★ 操作难度：★★★★

黄瓜炒鸡蛋

TIME 15分钟

菜品特点
色彩缤纷
清爽宜人

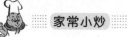

 蒜黄炒鸡丝

TIME 20分钟

菜品特点
清淡可口

➡ 主料：蒜黄、鸡胸肉各适量
➡ 配料：植物油、葱花、盐、糖、酱油、料酒、水淀粉各适量

视觉享受：★★★★★
味觉享受：★★★★★
操作难度：★★★★

操作步骤

①蒜黄摘好洗净切段；鸡胸肉处理干净，切丝，加入料酒、盐、酱油、水淀粉腌制15分钟。
②锅中倒油，油热后下鸡丝翻炒，五成熟时盛出。
③锅洗净，倒植物油，待油烧热，下葱花爆香，然后倒入蒜黄翻炒片刻，再倒入鸡丝，加糖、盐调味，炒熟即可。

操作要领

鸡胸肉腌制前可以用刀在鸡胸肉上划几道，使其容易入味。

营养贴士

本菜对乏力疲劳、虚弱等症具有很好的食疗功效。

视觉享受 ★★★★★ 味觉享受 ★★★★ 操作难度 ★★★★

香辣薯仔鸡

TIME 20分钟

菜品特点
口味醇厚
肉质香嫩

● **主料：** 仔鸡1只，薯仔350克
● **配料：** 绍酒3茶匙，花椒子1克，醋2茶匙，植物油、盐、葱花、生粉、酱油各适量

操作步骤

①薯仔去皮，洗净切块；仔鸡处理干净，切成块，加绍酒、酱油、醋、生粉拌匀；花椒子拍碎。
②锅置火上，倒入植物油，七成热时下鸡块翻炒约20秒钟捞出，然后继续热油，待油七成热时再次下入鸡块，炸至金黄色捞出。
③锅留底油，六成热时下花椒子、盐翻炒，倒入鸡块、薯仔炒熟，最后撒上葱花即可。

操作要领

鸡块首次翻炒须把握好时间限制。

营养贴士

薯仔富含碳水化合物、蛋白质等，具有美容瘦身的功效。

● **主料：** 鸭血250克，洋葱50克
● **配料：** 食盐10克，鸡精少许，姜、高汤、酱油、植物油各适量，小葱1棵

操作步骤

①鸭血切片，入沸水锅中焯水，捞出；洋葱剥皮切丝；小葱切段；姜切片。
②锅入植物油烧热，葱姜爆香，倒入洋葱翻炒几下，再倒入鸭血，翻炒，加入高汤、食盐、鸡精和酱油焖煮，煮熟即可。

操作要领

焖煮以大火为佳。

营养贴士

鸭血中含有丰富的蛋白质及多种人体不能合成的氨基酸。

视觉享受 ★★★ 味觉享受 ★★★★ 操作难度 ★★★

姜葱焖鸭血

TIME 15分钟

菜品特点
色泽清雅
鲜香甘爽

花雕鸡

TIME 60 分钟

菜品特点
酒香醇和
肉质鲜嫩

> **主料：** 鸡肉 100 克

> **配料：** 木耳、油菜各 30 克，胡萝卜少许，葱姜蒜粉、料酒、酱油、生粉、葱花、姜片、花雕酒、盐、味精、白糖、白胡椒粉、橄榄油各适量

视觉享受：★★★★
味觉享受：★★★★★
操作难度：★★★★

操作步骤

①鸡肉洗净后，加入料酒、酱油、味精、葱姜蒜粉、生粉腌制片刻，然后切块备用；木耳和油菜洗净备用；胡萝卜洗净切细条。

②锅中倒油，油热后倒入鸡肉，翻炒片刻捞出。

③锅中倒油，加入葱、姜爆香，倒入木耳、胡萝卜和油菜略炒，加清水、盐、味精、白糖、花雕酒，

最后倒入鸡块焖煮；煮熟后加入白胡椒粉炒匀即可。

操作要领

注意焖煮时间，以确保鸡肉完全煮烂。

营养贴士

花雕酒酒性柔和，暖胃效果良好。

视觉享受：★★　味觉享受：★★★　操作难度：★★★★

鱼香鸡心肝

TIME 135 分钟

菜品特点
美味可口

> **主料：** 鸡心、鸡肝各适量
> **配料：** 木耳少许，香葱3根，小红椒1/2个，生抽4大匙，白糖、鸡粉各1/2小匙，盐1/4小匙，水1/2杯，桂皮粉1小匙，鱼露2大匙、植物油适量

操作步骤

①鸡心、鸡肝洗净切片，放入清水中浸泡片刻，然后沥干备用。

②取空碗，加入生抽、桂皮粉、盐、水、白糖、鱼露、鸡粉兑成调味汁。

③木耳泡发；香葱切花；小红椒切段；锅置火上，倒油烧热，下葱花、红椒爆香，倒入鸡心、鸡肝、木耳翻炒。

④倒入调味汁，炒熟即成。

操作要领

蒸鸡杂的时间不宜过长，以免鸡杂缩水。

营养贴士

鸡心具有保护心脏、缓解心悸等功效。

> **主料：** 白虾60克，鸡蛋2个
> **配料：** 牛油、白兰地、柠檬海盐、白胡椒、干粉、香菜各适量

操作步骤

①香菜洗净切段；虾去头，取下虾线，用刀拍成虾面。

②取空碗，放入虾面和香菜段，加入白兰地、柠檬海盐和白胡椒腌制片刻。

③将虾面裹上少许干粉和蛋液，倒入牛油锅中，以小火煎炸，炸至金黄即可。

操作要领

虾面裹干粉不宜过多，轻微拍上一些即可。

营养贴士

小白虾营养丰富，具有补气养血、润肺止咳的功效。

视觉享受：★★★★★　味觉享受：★★★★★　操作难度：★★★★

蛋煎小白虾

TIME 15 分钟

菜品特点
鲜香可口

麻辣鸡脆骨

TIME 15分钟

菜品特点
色泽鲜润
美味可口

➡ **主料:** 鸡脆骨 350 克

➡ **配料:** 青辣椒、干红辣椒各 1 个，大蒜 50 克，香葱 30 克，姜 3 片，嫩肉粉、水淀粉、酱油、蚝油、香油、料酒、胡椒粉、精盐、糖各少许，植物油适量

视觉享受：★★★★
味觉享受：★★★
操作难度：★★★

操作步骤

①将鸡脆骨洗净，加入嫩肉粉、水淀粉、酱油、胡椒粉、香油上浆；干红辣椒切成小辣椒圈；青辣椒切小片；蒜切成小块。

②鸡脆骨过油捞出备用，用酱油、蚝油、香油、料酒、胡椒粉、精盐、糖调成汁。

③锅倒植物油烧热，放入姜片炒香，拣出，再加入红辣椒圈、青辣椒片、蒜爆香，加入鸡脆骨，烹入

调好的汁翻炒至收汁，撒上香葱即可。

操作要领

此法加入嫩肉粉的目的，主要是为了软化鸡脆骨表面筋膜等结缔组织。

 **营养贴士**

本菜品具有补钙的功效。

家常小炒

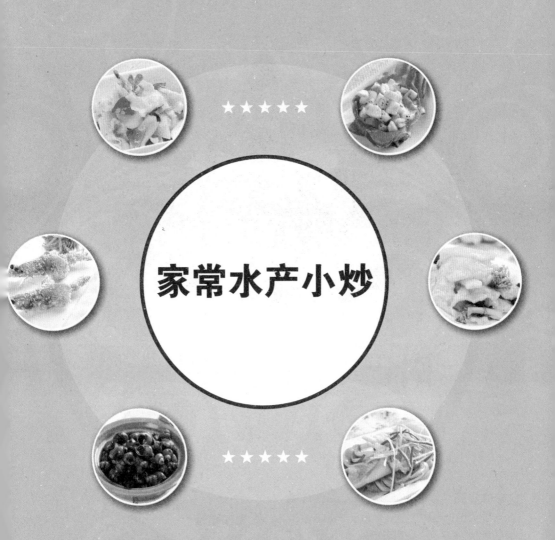

家常水产小炒

 锅巴鳝鱼

TIME 15分钟

菜品特点
爽脆可口

> **主料：** 米饭1碗，活鳝鱼5条
> **配料：** 青、红椒各1个，花椒5粒，姜末、蒜泥各少许，盐、红油、鸡精、植物油各适量

视觉享受：★★★★★
味觉享受：★★★★★
操作难度：★★★

操作步骤

①将米饭平摊在烤盘中，放入阳光下晾晒成小块，放入油锅中炸至金黄色后捞出备用；青、红椒切条。
②鳝鱼处理干净后，切段，用盐水泡一会儿待用。
③锅倒植物油烧热，放入姜末、蒜泥炒香后，倒入红油、鳝鱼、青红椒一起炒至鳝鱼肉熟，最后加入盐、鸡精调味。
④将锅巴放入准备好的碗中后，再将炒好的鳝鱼倒入装锅巴的碗里即可。

操作要领

因为鳝鱼之前为了去腥味已经用盐水泡过了，所以炒的时候，不用加太多的盐。

营养贴士

黄鳝肉性味甘、温，有补中益血，治虚损之功效，民间用以入药，可治疗虚劳咳嗽、湿热身痒、痔瘘、肠风痔漏、耳聋等症。

视觉享受：★★★　味觉享受：★★★★　操作难度：★★★

鸡腿菇炒螺片

TIME 15分钟

菜品特点
螺肉鲜嫩
清润爽口

● **主料：** 鲜海螺750克，鸡腿菇200克

● **配料：** 青、黄、红辣椒各1个，植物油30克，葱末、姜末适量，精盐、鸡精、料酒、香油各5克，湿淀粉8克

操作步骤

①将海螺硬皮割掉，去掉内脏洗净，切成薄片，下入沸水锅中烫1分钟捞出，沥净水分，备用；将鸡腿菇焯一下，切片；青、黄、红辣椒切三角块备用。

②炒锅上火烧热，加底油，用葱、姜爆锅，加料酒，放入海螺片煸炒。

③加入鸡腿菇，青、黄、红辣椒，精盐，鸡精翻炒均匀；用湿淀粉勾芡，淋入香油，搅拌均匀出锅即可。

操作要领

鸡腿菇在焯过之后，不宜翻炒太长时间。

营养贴士

螺肉富含维生素A、蛋白质等营养元素，具有清热明目、利膈益胃的功效。

● **主料：** 鱼肉300克，黑木耳50克

● **配料：** 鸡蛋清25克，水淀粉2大匙，植物油、葱、蒜、盐、料酒、香油各适量

操作步骤

①鱼肉洗净切片，加入料酒、盐、鸡蛋清、水淀粉抓匀；黑木耳泡发备用；葱、蒜切末备用。

②锅中热油，五成热时下鱼片滑熟，盛出备用。

③锅中热油，加入葱、蒜爆香，倒入料酒、清水、黑木耳、盐搅匀；汤汁煮沸后撇去浮沫，倒入鱼片，待再次煮沸时用水淀粉勾芡，最后浇上香油即可。

操作要领

滑熟的鱼片须沥干油再倒入汤锅。

营养贴士

鱼营养丰富，具有健身益脑的良好功效。

视觉享受：★★★　味觉享受：★★★　操作难度：★★★★

木耳熘鱼片

TIME 15分钟

菜品特点
鱼片鲜嫩
汤汁浓郁

 酥炸**虾段**

 TIME 30 分钟

菜品特点
虾肉香嫩
口感酥软

- **主料**：大虾 250 克
- **配料**：鸡蛋 1 个，水淀粉、植物油、料酒、食盐、蒜酱、辣酱各适量

视觉享受：★★★★
味觉享受：★★★★★
操作难度：★★★

操作步骤

①大虾洗净去皮，用刀切成段；鸡蛋去蛋黄留蛋清备用，撒上食盐、料酒腌制 10 分钟；将虾段裹上水淀粉，再沾上蛋清。

②锅中倒油，油烧至八成热时倒入大虾，炸至金黄控油出锅。

③准备蒜酱和辣酱，蘸虾即可食用。

操作要领

购虾时要挑选头尾完整，头尾与身体紧密相连，虾身较挺，有一定的弯曲度的虾。

营养贴士

虾有缓解筋骨疼痛的功效。

视觉享受：★★★ 味觉享受：★★★★ 操作难度：★★★

猛子虾炒鸡蛋
TIME 15分钟

菜品特点
虾肉鲜香
鸡蛋软嫩

- **主料：** 猛子虾400克，鸡蛋3个
- **配料：** 大葱200克，食用油、食盐各适量

操作步骤

①蚂子虾洗净，然后放入碗中，再打入鸡蛋。
②大葱洗净切碎，倒入装虾的碗中，加入适量食盐，搅拌均匀。
③锅中放油，烧至八成热时倒入碗中食材，大火翻炒，待鸡蛋完全凝固时停火。倒入碗中即可食用。

操作要领

蚂子虾较小，清洗时宜用漏勺等工具。

营养贴士

猛子虾含有丰富的钙元素，是天然的补钙食材。

- **主料：** 虾仁175克，锅巴100克
- **配料：** 丝瓜20克，木耳5克，番茄10克，鸡蛋清25克，湿淀粉20克，黄酒、醋、番茄酱、精盐、白糖、味精、菜籽油各适量

操作步骤

①虾仁洗净盛入碗中，加入精盐、鸡蛋清调匀，再加入水淀粉搅匀；木耳泡发撕片；丝瓜去皮切块；番茄洗净切块。
②锅巴掰成小块，倒入炒锅，用微火烘烤，直至变脆。
③锅中热油，翻炒虾仁，待颜色呈玉白色时，倒入漏勺沥油；锅中添水，加入黄酒、精盐、番茄酱、番茄、木耳、丝瓜条、白糖烧沸，再加入醋、味精、湿淀粉调成芡汁，最后加入虾仁，搅拌均匀后出锅。
④锅中倒入菜籽油，九成热时加入锅巴，炸至金黄色捞出，盛放在盘中，将煮好的虾仁汤汁淋在上面即可。

操作要领

炸锅巴时，炸脆口感最佳。

营养贴士

虾仁富含多种营养元素，有益气滋阳、助消化的功效。

视觉享受：★★★ 味觉享受：★★★★ 操作难度：★★★

番茄锅巴虾仁
TIME 60分钟

菜品特点
酸甜润口
香脆鲜嫩

吉利虾

TIME 30分钟

菜品特点
色泽鲜艳
外酥里嫩

○ **主料：** 活虾 200 克
○ **配料：** 鸡蛋 1 个，植物油、面包糠各适量，姜丝、食盐、胡椒粉、料酒各少许

视觉享受：★★★
味觉享受：★★★
操作难度：★★★★

🔄 操作步骤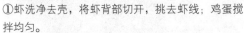

①虾洗净去壳，将虾背部切开，挑去虾线；鸡蛋搅拌均匀。

②向虾肉里加入料酒、姜丝、食盐、胡椒粉，搅拌均匀后腌制片刻。 腌好的虾裹上蛋液和面包糠。

③平底锅倒入植物油，油热后将虾炸至两面金黄即成。

🍴 操作要领

切割虾背时，注意不要将皮切断。

☞ 营养贴士

虾营养丰富、肉质松软，适合老年人、小儿和孕妇食用。

视觉享受：★★★★ 味觉享受：★★★★ 操作难度：★★★

青豆脆虾仁

TIME 15分钟

菜品特点
外酥里嫩
味道鲜美

主料： 虾仁 300 克，青豆适量

配料： 植物油、葱末、鸡蛋液各适量；调味料 A：精盐 1/2 小匙，胡椒适量，料酒 1 小匙；调味料 B：姜泥 1 大匙，番茄酱 3 大匙，蒜泥 1 小匙；调味料 C：高汤 1 杯，料酒 1 大匙，糖 1 小匙，精盐、胡椒粉各 1/2 小匙，醋 1/2 小匙，水淀粉适量

操作步骤

①虾仁加入调味料 A 拌匀，放入热油锅中炸至变色，捞出沥干。

②另起油锅炒香调味料 B，加入调味料 C（除水淀粉外）、青豆、虾仁，用大火煮沸。

③撒上葱末，用水淀粉勾芡，再加入鸡蛋液拌匀即可。

操作要领

虾仁要腌入味。

营养贴士

虾仁对身体虚弱以及病后需要调养的人而言是极好的食物。

主料： 虾仁 50 克，萝卜 500 克

配料： 青椒 1 个，植物油、葱末、食盐、鸡精各适量

操作步骤

①虾仁洗净；萝卜去皮切丝；青椒去籽切丝。

②旺火坐锅，倒入植物油，烧热，放葱末爆香，然后倒入虾仁翻炒。

③倒入萝卜丝、青椒丝翻炒，加入食盐、鸡精调味，炒熟即可。

操作要领

萝卜丝不宜翻炒太久，以免影响脆爽口感。

营养贴士

萝卜营养价值很高，具有健胃消食、生津止渴等多种功效。

视觉享受：★★★ 味觉享受：★★★ 操作难度：★★

虾仁萝卜丝

TIME 10分钟

菜品特点
清淡可口
香脆鲜爽

TIME 15分钟

菜品特点
鱼肉清香
雪菜适口

雪菜墨鱼丝

➡ **主料**：墨鱼 500 克，雪菜 100 克

➡ **配料**：青豆少许，青、红灯笼椒各 1 个，姜 20 克，盐、绍酒各适量，油 2 汤匙

视觉享受：★★★
味觉享受：★★★★
操作难度：★★★

🍳 操作步骤

①将墨鱼洗涤、整理干净，切成长条；雪菜洗净切碎；青豆洗净备用；青、红灯笼椒洗净去籽切细丝；姜切丝备用。

②锅中添入清水，沸腾后倒入墨鱼条烫一下，沥干水分备用。

③锅中热油，油热后加入姜丝爆香，放入雪菜翻炒，再倒入墨鱼条、青豆、灯笼椒煸炒，烹入绍酒，加入盐调味，添加少量的清水继续翻炒，待墨鱼条炒熟即可出锅。

🍴 操作要领

最好选用新鲜的墨鱼，因为冷冻的墨鱼解冻时头身易散，不成形。

☞ 营养贴士

墨鱼不但鲜脆爽口，蛋白质含量高，具有较高的营养价值，而且富有药用价值。

视觉享受 ★★★★★ 味觉享受 ★★★★★ 操作难度 ★★★

巴蜀香辣虾

TIME 20 分钟

菜品特点
鲜香醇香
滋味浓厚

主料: 活对虾 500 克

配料: 西芹、大葱、生姜、大蒜、干辣椒、
八角、桂皮、草果、白蔻、花椒、熟芝麻、花生、
植物油、海天虾酱、味精、鸡精、四川郫县豆
瓣各适量

操作步骤

①虾处理干净,去头留壳,在背上切一刀,用油炸
熟待用。
②大蒜一半切片、一半切成末;生姜切末;西芹、
大葱、干辣椒洗净切段。
③锅倒油烧热,放入八角、桂皮、草果、白蔻、花
椒炒香后捞出,再下入豆瓣、葱、姜、蒜,依次下
炸熟的虾、西芹来回翻炒。
④待炒上几番以后,配料差不多熟了,下虾酱,然
后下少许味精、鸡精、花生、熟芝麻继续翻炒至虾
身卷曲,颜色变成橙红色,即虾已断生,即可出锅。

操作要领

此菜品无须加盐,豆瓣里含盐。

营养贴士

虾含大量的维生素 B_{12},同时富含锌、碘和硒,且热
量和脂肪较低。

主料: 鲜贝 150 克

配料: 青豆 5 克,醋、料酒、淀粉各 2 茶匙,
酱油、绵白糖各 3 茶匙,植物油、葱丝、姜丝、
辣椒酱各适量,鸡精少许

操作步骤

①用备好的淀粉、料酒、醋、绵白糖、酱油、鸡精、
葱丝、姜丝,加水调成鱼香汁。
②鲜贝洗净,沥干水分。
③锅中倒油,七成热时放入裹上淀粉的贝肉,炸约
1 分钟,用漏勺捞出。
④锅中留底油,下入葱丝、辣椒酱爆香,然后翻炒
青豆,最后倒入鱼香汁,用小火烧至沸腾。最后加
入贝肉,搅拌均匀即可。

操作要领

鱼香汁以烧得黏稠为佳。

营养贴士

鲜贝具有很高的营养价值,在降低血清胆固醇上效果
显著。

视觉享受 ★★★★ 味觉享受 ★★★★ 操作难度 ★★★

鱼香鲜贝

TIME 15 分钟

菜品特点
香红微辣
贝肉鲜嫩

野山菌烧扇贝

TIME 15分钟

菜品特点
色泽清雅
鲜香甘爽

➡ **主料:** 扇贝 500 克, 野山菌 30 克

➡ **配料:** 香菜 5 克, 辣椒酱适量, 精盐、糖各 1 小匙, 酱油、香油各 1/2 小匙, 生粉、姜各 5 克, 植物油 30 克

视觉享受: ★★★★
味觉享受: ★★★★★
操作难度: ★★★

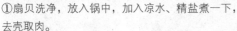

操作步骤

①扇贝洗净,放入锅中,加入凉水、精盐煮一下,去壳取肉。

②野山菌洗净撕成小朵;姜切片;香菜洗净切碎。

③锅中倒油,加入姜炒香,加扇贝,再放野山菌、辣椒酱翻炒片刻,放入糖、酱油,加入香菜,淋上生粉、香油出锅。

操作要领

本菜宜旺火快炒,这样营养成分流失较少。

营养贴士

野山菌富含蛋白质和多种氨基酸,是对人体非常有益的绿色食品。

110

视觉享受：★★★★ 味觉享受：★★★★★ 操作难度：★★★★

金蒜烧鳝段

TIME 40分钟

菜品特点
色泽诱人
入口鲜嫩

➡️ **主料**：去骨鳝鱼400克，大蒜1头
👉 **配料**：芹菜少许，植物油、蚝油、老抽、酱油、盐、淀粉、麻油各适量

🔄 操作步骤

①芹菜切小段；大蒜剥皮；鳝鱼切段，用淀粉、水、老抽调成的水浆裹匀。
②锅中热油，八成热时倒入鱼块煎炸，炸酥即可；再炸蒜瓣至金黄。
③锅中热油，添入清水，倒入鱼块、蒜瓣、蚝油、酱油、盐，小火烧至汁黏稠，捞出鱼块、蒜瓣装盘，浇上汤汁、麻油，撒上芹菜段即成。

🔔 操作要领

鳝鱼要购买新鲜的，这样鱼肉才会酥嫩。

👉 营养贴士

鳝鱼具有很高的营养价值，可以起到控制血糖的作用。

➡️ **主料**：牛蛙、鲜鸡腿菇各200克
👉 **配料**：植物油500克，高汤500克，精盐1/2小匙，胡椒粉1/2小匙，味精1/3小匙，料酒1小匙，水淀粉10克，红辣椒、姜块、蒜头、葱段、鸡油各适量

🔄 操作步骤

①鸡腿菇洗净后，对切成两半；蒜洗净，去两端修平整；红辣椒切片；牛蛙洗净切块。
②锅置于中火上，放入植物油、姜块、葱段炒出香味，倒入高汤，烧沸后，加入牛蛙，用小火焖2分钟，捞出。
③锅置于旺火上，倒入高汤，先放入精盐、料酒、胡椒粉、味精，后下牛蛙、鸡腿菇、红辣椒、蒜，浇淋入味后，用水淀粉收汁，淋化鸡油装入盘中即成。

🔔 操作要领

牛蛙肉质细嫩，翻炒时间不宜过长，以免破坏口感。

👉 营养贴士

牛蛙具有滋阴壮阳、养心安神的功效，是良好的滋补食材。

视觉享受：★★★★ 味觉享受：★★★ 操作难度：★★★

鸡腿菇烧牛蛙

TIME 25分钟

菜品特点
口感滑嫩
味道鲜美

蛤蜊炒鸡蛋

TIME 10分钟

菜品特点
香甜可口
肉肉鲜嫩

> **主料：** 蛤蜊 100 克，鸡蛋 2 个
> **配料：** 食盐、葱花、植物油、高汤各适量

视觉享受：★★★
味觉享受：★★★★
操作难度：★★

操作步骤

①鸡蛋打入碗中，加食盐搅匀，倒入处理好的蛤蜊肉和葱花搅匀。

②锅中热油，油热后倒入蛋液，用大火快炒。

③加入高汤，炒熟即可。

操作要领

翻炒中适当加入高汤，可以避免粘锅，同时也能提升菜的鲜味。

营养贴士

蛤蜊富含铁和锌，具有提高免疫力的功效。

剁椒**虾仁炒蛋**

视觉享受：★★★　味觉享受：★★★　操作难度：★★

TIME 20分钟

菜品特点
色泽鲜艳
软嫩香辣

⊙ **主料：** 虾仁30克，鸡蛋2个

⊙ **配料：** 葱花、剁椒、胡椒粉、料酒、香油、精盐、食用油、酱油、鸡精、生粉各适量

操作步骤

①虾仁洗净去虾线，切碎，加精盐、胡椒粉、鸡精、生粉、料酒腌10分钟。

②鸡蛋打散，倒入少量料酒，再倒入虾肉，滴几滴香油和水，搅拌均匀备用。

③锅放火上，倒入食用油，放入葱花、剁椒炒香，再倒入蛋液，快速翻炒，调入适量酱油即可。

操作要领

倒入蛋液时，最好轻轻晃动炒锅，以使蛋液受热均匀。

营养贴士

鸡蛋营养丰富，可以有效增强机体的代谢功能和免疫功能。

⊙ **主料：** 水发鱿鱼须300克

⊙ **配料：** 青、红辣椒各1个，盐、味精、黄酒、鲜汤、酱油、白糖、醋、色拉油各适量

操作步骤

①鱿鱼须撕掉外膜，放入沸水中烫一下；青、红辣椒洗净，去籽，切条。

②锅置火上，倒入色拉油油烧至五六成热，将鱿鱼须放入滑油，盛出。

③锅内留底油，放入青、红辣椒稍煸，倒入少许鲜汤，用盐、味精、黄酒、酱油、白糖、醋调味，倒入鱿鱼须炒熟即可。

操作要领

鲜汤的品种，要根据家人的口味而定，肉汤、鸡汤均可。

营养贴士

鱿鱼清热利湿，营养高，热量低。

香辣**鱿鱼须**

视觉享受：★★★★　味觉享受：★★★★　操作难度：★★★

TIME 8分钟

菜品特点
鲜香脆嫩
蒜后味香

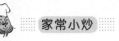

酱爆墨鱼仔

TIME 25分钟

菜品特点
味道鲜美

➡️ **主料:** 墨鱼仔适量

👆 **配料:** 青椒、红椒各1个，植物油、XO酱、蒜、姜、盐、海鲜调味料各适量

视觉享受 ★★★★
味觉享受 ★★★★
操作难度 ★★★

⚡ 操作步骤

①墨鱼仔洗净，放入开水中焯一下；青、红椒洗净切片；蒜剥皮切末；姜切丝。

②锅置火上，倒入植物油，油热后下入蒜末、姜丝爆香，然后加入XO酱翻炒。

③倒入墨鱼仔、青椒、红椒，加盐、海鲜调味料调味即可。

🔧 操作要领

此菜以大火爆炒为宜。

👉 营养贴士

墨鱼仔药用价值很高，富含蛋白质、脂肪等，具有补脾益肾等功效。

视觉享受：★★★　味觉享受：★★★★　操作难度：★★★

家常烧鳝鱼

TIME 18分钟

菜品特点
鲜嫩焦糯
肉烂味香

⊃ **主料：** 鳝鱼 500 克
⊃ **配料：** 青蒜 2 棵，蒜 1 头，料酒 1/2 大匙，辣椒油、酱油各 2 大匙，花椒粒少许，糖、醋各 1 小匙，水淀粉 8 克，植物油 60 克

🍳 操作步骤

①青蒜洗净切段备用；鳝鱼洗净，切小段，拌入料酒，锅中倒入油，用大火爆炒盛出。
②蒜洗净待用，用植物油爆香花椒粒后捞出，再炒蒜瓣、青蒜，接着放入鳝段及辣椒油、酱油、糖、醋同炒。
③大火快速炒匀后用水淀粉勾芡，即可出锅。

🔥 操作要领

挑选鳝鱼时，以表皮柔软、颜色灰黄、肉质细嫩、闻起来没有异味者为佳。

👉 营养贴士

鳝鱼中含有丰富的 DHA 和卵磷脂，它是构成人体各器官组织细胞膜的主要成分，而且是脑细胞不可缺少的营养素。

⊃ **主料：** 银鱼干 200 克
⊃ **配料：** 蒜 3 瓣，鸡精、生姜、大葱各少许，辣椒酱适量，料酒、盐、食用油各 1 勺

🍳 操作步骤

①银鱼干洗净，放入水中浸泡片刻；生姜、蒜切成末；大葱切花。
②锅中倒油，油热后倒入银鱼煸炒，待金黄时加料酒拌匀，然后捞出备用。
③取净锅倒油，油热后下入姜、蒜、葱花、辣椒酱爆香，倒入银鱼翻炒，最后加盐、鸡精调味即可。

🔥 操作要领

银鱼干不要浸泡太长时间。

👉 营养贴士

银鱼营养丰富，对缓解消化不良等卓有疗效。

视觉享受：★★★★　味觉享受：★★★★　操作难度：★★★

香辣银鱼干

TIME 40分钟

菜品特点
颜色鲜艳
香辣十足

干煸鱿鱼

TIME 10分钟

菜品特点
味道鲜香
肉质嫩滑

○ **主料：** 鲜鱿鱼 500 克
○ **配料：** 芹菜 50 克，植物油、姜、食盐、白糖、干红辣椒、鸡精各适量

视觉享受：★★★
味觉享受：★★★★
操作难度：★★

操作步骤

①鱿鱼洗净后切条，将水控干；芹菜洗净切段；姜切成碎末；干红辣椒切成小段。
②锅中倒油，热至冒烟时倒入鱿鱼，炸至金黄捞出。
③锅内留少许底油，倒入姜末和辣椒爆香，倒入鱿鱼、芹菜段翻炒，最后加入白糖、食盐和鸡精即可出锅。

操作要领

本菜宜采用大火快速翻炒。

营养贴士

鱿鱼在改善肝脏功能方面具有十分显著的功效。

视觉享受：★★★★ 味觉享受：★★★★ 操作难度：★★★

油淋鲜鱿

TIME 15分钟

菜品特点
味道鲜美
葱椒可口

- **主料：** 鲜鱿鱼 500 克
- **配料：** 大葱1棵，青尖椒、红尖椒各1个，花生油适量

操作步骤

①将鱿鱼洗净切长片；大葱、青尖椒、红尖椒分别切丝。

②将鱿鱼片放在锅中蒸约1分钟，然后装入盘中。

③锅中倒入花生油，一直烧至200℃，然后一遍遍浇在鱿鱼上，直至鱿鱼熟透，最后在上面撒上葱丝和尖椒丝即可。

操作要领

油应烧到足够热，才能将鱿鱼完全浇熟。

营养贴士

鱿鱼含有丰富的钙、铁等元素，具有造血、缓解疲劳的功效。

- **主料：** 田螺 500 克
- **配料：** 红辣椒2个，葱1棵，姜适量，蒜15克，精盐1/2大匙，植物油25克

操作步骤

①将田螺放在盆里用清水泡养3天，每天换水2~3次，最后把田螺刷洗净，用牙签挑出田螺肉，反复漂洗；姜洗净、切片；蒜洗净、切碎；红辣椒洗净、去籽、切成片；葱洗净、切段。

②旺火烧热炒锅，下油，加入姜、蒜爆香，加入田螺肉爆炒至熟，放入葱段、辣椒片、精盐调味，翻炒至熟透，装盘即可。

操作要领

田螺一定要新鲜。

营养贴士

田螺含蛋白质、脂肪、碳水化合物、钙、磷、铁、硫胺素、核黄素、尼克酸、维生素A等，有清热利水、除湿解毒的功效。

视觉享受：★★★★ 味觉享受：★★★★★ 操作难度：★★★★

小炒田螺肉

TIME 20分钟

菜品特点
软滑鲜美

红焖海参

TIME 80 分钟

菜品特点
软滑可口
色香俱全

●**主料：** 水发海参 750 克，肚肉 500 克，带骨老鸡肉 500 克，肉丸子 10 颗，湿香菇 50 克

●**配料：** 黄瓜 5 克，生蒜 1 头，虾米 25 克，猪油 150 克，精盐、味精、绍酒、酱油、红豉油、芫荽、姜、葱、芝麻油、甘草、湿淀粉各适量

视觉享受：★★★★
味觉享受：★★★★★
操作难度：★★★★

🍴 操作步骤

①将海参洗净备用，肚肉、老鸡肉切块备用；在锅中倒入清水，加入姜、葱、精盐，然后倒入海参同煮；水沸腾后加入适量绍酒。

②在热锅中倒入猪油，油热后倒入海参略炒，然后倒入用竹篾垫底的锅内。

③翻炒淋绍酒的肚肉、老鸡肉，再加入芫荽、生蒜、酱油、红豉油、甘草，煮沸后一并倒入海参锅内，继续烧煮至沸腾，然后转文火焖约 60 分钟。

④加入肉丸子、香菇和虾米，海参熟后捞出，装入盘中，并搭配黄瓜段摆放。将汤汁倒出，加入精盐、味精，倒入锅中烧沸，然后用湿淀粉勾芡，再调入芝麻油、猪油，最后淋在海参上即可。

⚓ 操作要领

焖海参宜选用小砂锅，时间不宜过短。

👉 营养贴士

海参性温，富含多种元素，是补血润燥、养胎利产的良好食材。

118

视觉享受：★★★ 味觉享受：★★★ 操作难度：★★★★

泡菜炒河虾

TIME 20分钟

菜品特点
清脆爽口
味浓色香

主料： 河虾 200 克，四川泡菜 100 克

配料： 青、红尖椒各 50 克，胡萝卜 50 克，食用油、食盐、酱油、料酒、鸡精、白糖各适量

操作步骤

①将青、红尖椒洗净切块；胡萝卜洗净切成小丁；泡菜切片。

②锅中倒入食用油，烧热后倒入泡菜、青尖椒、红尖椒、胡萝卜丁大火煸炒，加入料酒、食盐、酱油、白糖，再倒入河虾爆炒，最后加入鸡精，河虾熟后即可出锅装盘。

操作要领

烹炒时一定要用大火。

营养贴士

泡菜味道浓厚，是开胃的佳品。

主料： 水发海参 500 克，猪肉 60 克

配料： 酱油、味精、鸡粉、胡椒粉、食用油、生抽、淀粉（豌豆）、葱花、姜末、香油、上汤各适量

操作步骤

①发好的海参置清水中，撕去腹内黑膜，片大片，汆烫捞出；猪肉洗净切末。

②起锅倒油，倒入肉末煸炒，变色后加入姜末、生抽再炒，倒入少许上汤、胡椒粉、味精、鸡粉、酱油调味，最后倒入海参，以小火焖煮。

③煮熟后用淀粉勾芡，加入葱花、香油炒匀即可。

操作要领

烹饪水发海参最好选用不锈钢锅具或陶瓷用具。

营养贴士

海参具有延缓衰老、消除疲劳、减轻关节炎和神经痛的作用。

视觉享受：★★★★ 味觉享受：★★★★★ 操作难度：★★★

肉末海参

TIME 18分钟

菜品特点
口味香醇
色泽红亮

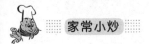

茶香鲫鱼

TIME 30分钟

菜品特点
茶香宜人
鱼肉鲜香

- ➡ **主料：**鲫鱼1条
- ➡ **配料：**食盐、生抽各适量，绿茶3克

视觉享受：★★★★★
味觉享受：★★★★★
操作难度：★★★★

🥢 操作步骤

①鲫鱼处理干净。

②将绿茶洗净，放入开水中泡香，然后控干水分，均匀放入鱼肚中，再放入适量食盐，然后上屉蒸熟即可。

③最后剔除茶叶，淋入生抽食用。

🎵 操作要领

绿茶应先用开水泡出茶香。

☞ 营养贴士

茶叶含有矿物质和单宁酸等物质，具有利尿解毒、补虚消渴的功效。

视觉享受：★★★★★ 味觉享受：★★★★★ 操作难度：★★★★

炒蝴蝶鳝片

TIME 40分钟

菜品特点
鳝肉松嫩
鲜香浓郁

➡ **主料：** 鳝鱼 750 克

👉 **配料：** 洋葱、笋各 20 克，香菜叶少许，色拉油 500 克，水淀粉 75 克，汤 25 克，酱油 20 克，姜末、蒜末各 10 克，料酒 15 克，精盐 8 克，香油、白糖、醋、胡椒粉各 5 克，味精 1 克

操作步骤

①鳝鱼处理干净后切成蝴蝶形状；洋葱切片；笋洗净切段；香菜叶洗净。

②取空碗，加料酒、酱油、白糖、精盐、味精、汤、水淀粉调成炒菜汁；鳝片上放少许精盐和水淀粉上浆。

③锅置火上，倒入色拉油，七成热时下鳝鱼片滑散滑透，捞出控油备用。

④原炒锅烧热，下姜末、蒜末爆香，倒入鳝鱼片、洋葱、笋、炒菜汁翻炒，最后淋入香油、醋，撒上胡椒粉、香菜叶即成。

操作要领

滑鳝鱼锅中应多倒一些油。

营养贴士

鳝鱼含有人脑细胞不可缺少的营养，对提升记忆力大有帮助。

➡ **主料：** 鲜蛤蜊 400 克

👉 **配料：** 香菜 5 克，姜 15 克，植物油 20 克，蒜末 10 克，料酒 2 小匙，白醋 1 小匙，白糖、味精各 1 小匙，胡椒粉、香油各 1/2 大匙

操作步骤

①将蛤蜊洗净，放入沸水中煮至开口，即刻捞出，再用原汤冲洗备用；姜切菱形片；香菜切段。

②锅坐火烧热，加底油，先用姜、蒜炝锅，然后烹入料酒、白醋，加入白糖、胡椒粉、味精，再下入蛤蜊快速翻炒，淋入香油，出锅撒上香菜即可。

操作要领

蛤蜊买回家后加点盐或者是用香油浸泡半小时就足够了，浸泡时间过长海鲜的肉质会发紧，不鲜嫩。

营养贴士

本菜品具有防治中老年人慢性病的功效。

视觉享受：★★★ 味觉享受：★★★★ 操作难度：★★★

姜炒蛤蜊

TIME 25分钟

菜品特点
味道鲜美

香辣田螺

菜品特点
味道鲜美

➡ **主料:** 鲜田螺 400 克

➡ **配料:** 姜15克，植物油20克，蒜末10克，辣酱、料酒、酱油、白醋、白糖、胡椒粉、香油、精盐各适量

视觉享受：★★★
味觉享受：★★★★
操作难度：★★★★

 操作步骤

①将田螺放在盆里用清水泡养3天，每天换水2~3次，最后把田螺刷洗净，剁去螺蒂；姜切末。

②锅上火烧热，加底油，倒入田螺，然后将精盐用清水搅匀，淋入锅内炒匀，加盖焖约3分钟，盛出。

③锅洗净倒入油，先用姜、蒜炝锅，再下辣酱煸炒，然后烹入料酒、白醋，加入酱油、白糖、胡椒粉，再下入田螺快速翻炒，淋入香油即可。

 **操作要领**

此菜最关键的是要掌握好火候。火候不到，螺肉不熟不进味；火候太过，螺肉又很难吸出来。

➡ **营养贴士**

田螺含有丰富的 B 族维生素，可以防治脚气病。

视觉享受：★★★★ 味觉享受：★★★★★ 操作难度：★★★

无锡脆鳝

TIME 15分钟

菜品特点
松脆香酥
甜中带咸

> **主料：** 鳝鱼 500 克
> **配料：** 红辣椒少许，香油、白砂糖、酱油、姜、料酒、粗盐、小葱、大豆油各适量

操作步骤

①红辣椒洗净切丝；姜洗净切丝；葱洗净切花；鳝鱼处理干净后，放入开水中焯一下。
②锅中倒油，八成热时下入鳝鱼，煎炸约3分钟用漏勺捞出；待油温再次达到八成热时，再次下入鳝鱼，直至炸脆。
③取净锅，倒油烧热，下入葱姜爆香，加入白砂糖、酱油、姜、料酒，倒入炸好的鳝鱼，加粗盐调味，淋上香油，出锅装盘，搭配上姜丝、葱花、辣椒丝即可。

操作要领

剖洗好鳝鱼，一定要用开水烫去鳝鱼身上的滑腻物，这样烧出来的鳝鱼才更美味。

营养贴士

鳝鱼富含维生素A，能增进视力，促进皮肤的新陈代谢。

> **主料：** 蛤蜊、鸡蛋、木耳各适量
> **配料：** 红椒、盐、葱、胡椒粉、花生油、水淀粉各适量

操作步骤

①蛤蜊洗净，放入水中煮熟，取肉备用；木耳泡发；红椒切段；葱切花；鸡蛋磕入碗内，加盐、木耳、红椒、葱花、水淀粉搅匀。
②锅中倒油，下鸡蛋液翻炒；加盐、胡椒粉调味，最后收干汤汁即可出锅。

操作要领

鸡蛋须炒得嫩一些。

营养贴士

蛤蛎富含高蛋白和铁、钙等营养元素，对缓解腹胀都有疗效。

视觉享受：★★★★★ 味觉享受：★★★★★ 操作难度：★★★★

蛋炒蛤蜊木耳

TIME 10分钟

菜品特点
黄黑相间
滑嫩爽口

123

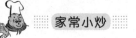

炒螃蟹

菜品特点
鲜美可口

主料： 螃蟹 500 克

配料： 大葱少许，植物油 75 克，白砂糖 30 克，料酒、醋各 15 克，盐、姜各 5 克，味精、胡椒粉各 2 克

视觉享受：★★★★★
味觉享受：★★★★★
操作难度：★★★★

操作步骤

①螃蟹处理好后，斩成块，加盐、胡椒粉拌匀。
②大葱洗净切花；姜切末。
③锅中倒油，七成热时倒入螃蟹翻炒，待螃蟹呈红黄色时，下葱姜翻炒，加料酒、白砂糖、醋调味，最后加味精炒匀即可。

操作要领

螃蟹翻炒时须摊开，勿使粘连。

 **营养贴士**

螃蟹含有丰富的蛋白质及微量元素，具有舒筋益气、理胃消食的功效。

124

视觉享受：★★★★ 味觉享受：★★★★★ 操作难度：★★★

抓炒鱼片

TIME 15分钟

菜品特点
清热解毒
脆嫩不腻

⊙ **主料：** 净鱼肉 400 克

⊙ **配料：** 青菜少许，木耳 100 克，鸡蛋清、猪油、绍酒、胡椒粉、精盐、味精、蒜片、水淀粉各适量

🥄 操作步骤

①将鱼肉片成薄片，装碗内，加入鸡蛋清、少许精盐、胡椒粉腌渍调味，上浆，焯水，下入四成热猪油中滑散滑透，倒入漏勺；木耳洗净，撕成小朵；青菜洗净切段。

②用小碗加入精盐、味精、胡椒粉、水淀粉调制成芡汁备用。

③炒锅烧热，加少许底油，用蒜片炝锅，放入木耳、青菜、鱼肉煸炒，烹绍酒，加入调好的芡汁，翻炒均匀，出锅装盘即可。

🔔 操作要领

鱼肉片上浆后焯水时应沸水入锅，否则易碎。

👉 营养贴士

木耳含有维生素 K，能减少血液凝块，预防血栓症的发生，有防治动脉粥样硬化和冠心病的作用。

⊙ **主料：** 海虹肉 100 克，鸡蛋 3 个

⊙ **配料：** 葱段 5 克，食盐、植物油各适量

🥄 操作步骤

①锅中添水，倒入海虹肉煮，煮熟捞出。

②将打好的鸡蛋倒入碗中，加入煮好的海虹肉、葱段、食盐搅匀。

③锅中热油，油热后倒入鸡蛋液，略炒即成。

🔔 操作要领

炒蛋液时，可以适当滴几滴清水，以使鸡蛋口感更软嫩。

👉 营养贴士

海虹性温，具有补肾益精、调肝养血、健脑、降血压等诸多功效。

视觉享受：★★★ 味觉享受：★★★★ 操作难度：★★

海虹炒鸡蛋

TIME 5分钟

菜品特点
肉味鲜美
营养丰富

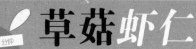 草菇虾仁

> **主料：** 虾仁300克，草菇150克
>
> **配料：** 胡萝卜25克，大葱10克，鸡蛋1个，湿淀粉、食用油、料酒、胡椒粉、精盐、味精各适量

视觉享受：★★★★
味觉享受：★★★★★
操作难度：★★★

操作步骤

①虾仁洗净后拭干，用精盐、胡椒粉、蛋清腌10分钟；大葱切1厘米的段。

②在沸水中加少许精盐，将草菇汆烫后捞出冲凉；胡萝卜去皮，切片煮熟。

③锅内放适量油，七成热时放入虾仁，滑散滑透时捞出。

④锅内留少许油，炒大葱、胡萝卜片和草菇，然后将虾仁回锅，加入适量料酒、精盐、胡椒粉、湿淀粉、味精和清水，翻炒均匀即可。

操作要领

虾肉腌制前可用清水浸泡一会儿，能增加虾肉的弹性。

营养贴士

草菇性寒、味甘、微咸，是优良的食药兼用型营养保健食品。

视觉享受：★★★　味觉享受：★★★★★　操作难度：★★★

炒黑鱼片

TIME 20分钟

菜品特点
鲜味
微辣

● **主料：** 黑鱼肉400克，丝瓜100克
● **配料：** 鸡蛋清、猪油、绍酒、胡椒粉、精盐、味精、蒜片、水淀粉各适量

操作步骤

①将黑鱼肉片成薄片，装碗内，加入鸡蛋清、少许精盐、胡椒粉腌渍调味，上蛋清浆，焯水，下入四成热猪油中滑散滑透，倒入漏勺；丝瓜去皮、切片。
②用小碗加入精盐、味精、胡椒粉、水淀粉调制成芡汁备用。
③炒锅烧热，加少许底油，用蒜片炝锅，放入丝瓜片煸炒，烹绍酒，入鱼片，勾兑好的芡汁，翻炒均匀，出锅装盘即可。

操作要领

黑鱼肉片先腌渍一会儿，这样更容易入味。

营养贴士

黑鱼具有补心养阴 、补血益气等功效。

● **主料：** 火龙果1个，鳜鱼肉50克
● **配料：** 芹菜、胡萝卜各10克，植物油、淀粉、明油各适量

操作步骤

①将火龙果用刀切开，果肉切成小丁，外壳留着备用；鳜鱼肉洗净切小丁，上浆备用；芹菜切小段；胡萝卜切丁。
②锅中倒入植物油，烧热，然后用热油将鱼丁划熟。将熟鱼丁与果肉一并盛入碗中，再加入芹菜段和胡萝卜丁。
③用淀粉勾芡调成汁液，然后倒入碗中，搅拌均匀后再浇上明油，最后倒入火龙壳中即可。

操作要领

清洗鳜鱼时可选用温水，由此可以有效去除腥味。

营养贴士

火龙果营养丰富、功能独特，它含有一般植物少有的植物性白蛋白及花青素、丰富的维生素和水溶性膳食纤维。

视觉享受：★★★　味觉享受：★★★★　操作难度：★★

火龙鱼丁

TIME 20分钟

菜品特点
色彩艳丽
果香浓郁

海米炒芹黄

TIME 10分钟

菜品特点
鲜香脆嫩
清淡可口

主料： 芹黄 500 克，海米 75 克，生菜 50 克
配料： 盐 4 克，料酒 15 克，植物油 25 克

视觉享受：★★★
味觉享受：★★★★
操作难度：★★

操作步骤

①将海米用温水浸泡；芹黄理好洗净，切成短段，
用开水烫过；生菜洗净备用。

②锅置火上，倒植物油烧热，下海米翻炒，烹入料酒。

③加入芹黄快炒，加入盐调味，用旺火快炒几下，
最后装入生菜碗中即可。

操作要领

芹黄不宜炒太久。

营养贴士

本菜品含有丰富的钙、铁、磷等矿物质元素，适宜孕妇
食用。

家常小炒

★ ★ ★ ★ ★

家常菌类小炒

★ ★ ★ ★ ★

白菜炒木耳

TIME 15分钟

菜品特点
清淡素雅
味道微辣

▶ **主料:** 水发木耳 100 克，大白菜 250 克

▶ **配料:** 青、红辣椒各适量，精盐、味精、酱油、花椒粉、葱花、水淀粉、植物油、辣椒酱各适量

视觉享受: ★★★★
味觉享受: ★★★
操作难度: ★★★★

操作步骤

①将水发木耳去杂洗净；将大白菜老帮和根去掉，选中帮，择去菜叶，再将中帮切成小片；青、红辣椒切块。

②炒锅烧热放植物油，下花椒粉、葱花炝锅，随即下入白菜片煸炒，炒至白菜片油润明亮时，放入木耳、青辣椒、红辣椒、辣椒酱、酱油、精盐、味精继续煸炒，用水淀粉勾芡，即可出锅装盘。

操作要领

白菜要选用中帮部分，用油炸时火要旺，采取冲炸方法。

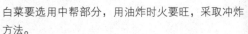 营养贴士

木耳能够帮助消化。

视觉享受：★★★★★ 味觉享受：★★★★★ 操作难度：★★★★

茶树菇炒牛肚

TIME 20分钟

菜品特点
营养丰富
口味俱佳

主料： 茶树菇150克，牛肚300克

配料： 青、红辣椒各1个，葱段少许，料酒、生抽、老抽、食盐、植物油、味精、白糖各适量

操作步骤

①茶树菇放入温水中浸泡，待变软捞出切条；牛肚处理干净后放入开水中焯一下，然后切条；青、红辣椒去籽切条。

②锅中倒油，油热后下牛肚煸炒，再倒入青、红辣椒翻炒，加入料酒、生抽、老抽、食盐、味精、白糖调味。

③加入茶树菇、葱段炒匀，加入少许清水炒熟即可。

操作要领

炒茶树菇一定要快速翻炒。

营养贴士

牛肚富含蛋白质、脂肪和铁等，具有补益脾胃、补气养血的功效。

主料： 草菇8个，丝瓜2根

配料： 枸杞5克，姜、植物油、盐、生抽、鸡精、蒜、胡椒粉各适量

操作步骤

①将草菇洗净，放入淡盐水中焯烫，挤去水分，再冲洗一下，然后切片；丝瓜去皮切片；蒜拍碎；姜切丝。

②油锅烧热，下蒜末、姜丝爆香，倒入草菇和丝瓜片，快速翻炒，调入盐、生抽、枸杞入味。

③加少许水，煮熟后加入鸡精、胡椒粉即可出锅。

操作要领

草菇腥味，放入淡盐水中焯烫后挤去水分，再用流动水冲洗干净即可冲去腥味。

营养贴士

草菇的维生素C含量高，能促进人体新陈代谢，提高机体免疫力，增强抗病能力。

视觉享受：★★★★ 味觉享受：★★★★★ 操作难度：★★★

丝瓜烩草菇

TIME 18分钟

菜品特点
增加食欲
色香味美

酱烧腐竹木耳

TIME 12 分钟

菜品特点
微辣
爽口

主料： 黑木耳 30 克，腐竹 20 克，金针菇 20 克

配料： 豆瓣酱、盐、酱油、白糖、姜末、植物油、蘑菇精、辣椒酱各适量

视觉享受：★★★
味觉享受：★★★★
操作难度：★★

操作步骤

①提前将黑木耳、腐竹用水浸泡约 4 小时，泡好后木耳撕片，腐竹切段；金针菇从中间打结，浸泡 2 小时。

②锅中热油，下豆瓣酱、姜末爆香，倒入黑木耳、腐竹和金针菇翻炒，加入酱油、白糖和少许水。

③盖锅盖稍焖，汤汁收紧后加入盐、辣椒酱和蘑菇精，炒匀即可。

操作要领

采用凉水浸泡木耳，不宜采用温水或热水，浸泡时间不宜过短。

营养贴士

腐竹含有丰富的蛋白质，具有清热润肺、止咳消痰的功效。

视觉享受：★★★★ 味觉享受：★★★★ 操作难度：★★★★

香菇冬笋

TIME 13分钟

菜品特点
味道浓享
营养健康

> 主料：香菇50克，冬笋100克
>
> 配料：绿灯笼椒1个、食盐、植物油、酱油、白糖、味精、辣椒酱、香油、淀粉各适量

操作步骤

①香菇洗净切成小块备用；冬笋洗净过水，切成小块；灯笼椒洗净切片。

②取干净炒锅，置于旺火上，加入植物油烧热，七成热时倒入冬笋翻炒，再加入香菇、灯笼椒翻炒，加入食盐、酱油、白糖、味精、辣椒酱调味。

③加入适量清水，以大火煮沸，然后转小火收汤，用淀粉勾芡，炒匀再淋入香油即成。

操作要领

煮至香菇软熟吸入汤汁发胖时表明已经入味。

营养贴士

香菇营养价值很高，具有降低胆固醇的功效。

> 主料：杭尖椒、鸡腿菇各适量
>
> 配料：植物油、姜末、松仁、盐、酱油、鸡精、陈醋、蜂蜜各适量

操作步骤

①杭尖椒去蒂洗净切段；鸡腿菇洗净撕片。

②取空碗，加入烤好的松仁、酱油、陈醋、姜末、盐、鸡精、蜂蜜调成汁。

③锅置火上，倒入植物油，油热下入杭尖椒，煎成虎皮状捞出。倒入鸡腿菇翻炒，加盐调味，待鸡腿菇炒至八成熟时倒入杭尖椒一起翻炒，最后淋上汁即可出锅。

操作要领

煎杭尖椒时，煎至起皮再捞出。

营养贴士

松仁富含磷脂和多种维生素等，具有健脑益智的功效。

视觉享受：★★★★ 味觉享受：★★★★ 操作难度：★★★

醋浸尖椒鸡腿菇

TIME 15分钟

菜品特点
微酸甜辣
开胃醒酒

杏鲍菇牛肉

TIME 20 分钟

菜品特点
鲜香滑嫩
色泽诱人

▶ **主料：** 杏鲍菇 200 克，牛肉 300 克

▶ **配料：** 青、红椒各 1 个，盐、味精各 1/2 小匙，淀粉适量，松肉粉 3 克，植物油适量

视觉享受：★★★★
味觉享受：★★★★★
操作难度：★★★

🍳 操作步骤

①杏鲍菇洗净，切片。

②牛肉洗净切片，放入少许盐、松肉粉腌渍；青、红椒洗净切片。

③锅置火上，植物油烧热，下入牛肉炒开，再下入杏鲍菇，加盐、味精焖至入味，再加入青、红椒片炒匀，勾芡装盘。

🥄 操作要领

牛肉一定要切均匀，滑油时速度要快，以防肉质变老。

📖 营养贴士

本菜品具有消水肿、除湿气、补虚、强筋壮骨的功效。

134

视觉享受：★★★★　味觉享受：★★★★　操作难度：★★★

鸡腿菇蒸肉

TIME 15分钟

菜品特点
肉片软嫩
鲜香爽口

主料： 五花肉300克，鸡腿菇100克

配料： 红尖椒30克，蚝油、花生油、食盐、姜片、老抽、高汤各适量

操作步骤

①锅中加水，倒入洗净的五花肉熬煮，煮至七成熟时捞出切成长条；红尖椒切碎；鸡腿菇洗净切块，用沸水焯一下。

②将高汤倒入锅中，加入鸡腿菇、食盐、老抽熬煮片刻。

③把鸡腿菇放置盘中，上面整齐摆好肉片，加入食盐、蚝油、老抽拌匀，再撒上红尖椒、姜片，浇上花生油，入笼蒸约15分钟即可。

操作要领

熬煮五花肉时，注意不要将肉完全煮烂。

营养贴士

鸡腿菇性甘、味平，能益胃清神、增进食欲、消食化痔。

主料： 鸡腿菇200克、腊肠50克

配料： 荷兰豆15克，干红辣椒5克，生油30克，盐、味精各1小匙，姜、蒜片各少许

操作步骤

①将鸡腿菇择洗干净，切成长条；腊肠切片；荷兰豆洗净斜切成片备用。

②炒锅置旺火上，放入生油烧热，把干红辣椒炸至褐红色，放入姜、蒜片炒香，倒入鸡腿菇、腊肠、青椒，加盐、味精迅速翻炒均匀即可出锅。

操作要领

买鸡腿菇要选择菇体粗壮肥大、色白细嫩、肉质密实、不易开伞的。不要贪图外观更白、更亮的鸡腿菇。

营养贴士

鸡腿菇能调节血脂，对糖尿病人和高血脂患者有保健作用，是糖尿病人的理想食品。

视觉享受：★★★★　味觉享受：★★★★★　操作难度：★★★

辣味鸡腿菇

TIME 10分钟

菜品特点
色泽鲜亮
微辣爽口

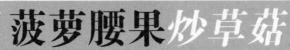
菠萝腰果炒草菇

TIME 15分钟

菜品特点
多姿多彩
美味无比

● 主料：菠萝 200 克，腰果 10 克，草菇 80 克
● 配料：虾、番茄、胡萝卜、鲜芦笋各少许，咖喱粉 5 克，茄汁 2 小匙，精盐 1 小匙；植物油适量

 操作步骤

①胡萝卜洗净切块；草菇洗净切两半；番茄洗净切块；虾去壳；鲜芦笋洗净切段。
②菠萝挖肉切粒，放入盐水中浸一下，然后沥干备用。
③锅置火上，倒油烧热，下草菇、芦笋、番茄、胡萝卜、虾爆炒，加咖喱粉、茄汁调味。
④最后加菠萝粒、腰果炒匀即可。

视觉享受：★★★★★
味觉享受：★★★★★
操作难度：★★★

⚒ 操作要领
菠萝壳不宜扔掉，用来装菜味道更好。

☞ 营养贴士
腰果含有丰富的微量元素和维生素，具有降压的功效。

136

视觉享受：★★★★　味觉享受：★★★★　操作难度：★★

杭椒炒蟹味菇

TIME 30分钟

菜品特点
口感极佳

主料： 蟹味菇 150 克，青、红杭椒各 50 克

配料： 食用油、食盐各适量

操作步骤

①青、红杭椒斜切成段；蟹味菇洗净，挤干水分。

②锅置火上，倒油烧热，下青、红杭椒煸炒，再加入蟹味菇翻炒，加盐调味，炒熟即可。

操作要领

此菜以大火爆炒为宜。

营养贴士

蟹味菇富含维生素和十几种氨基酸，具有防癌、延长寿命的功效。

主料： 茭白 450 克，金针菇 300 克，瘦肉 100 克

配料： 木耳 5 克，小葱适量，精盐 3/5 小匙，白糖 1 小匙，味精 1/5 小匙，料酒 2 小匙，干红辣椒、植物油各适量

操作步骤

①茭白去壳削皮，洗净后拍松，切丝；瘦肉洗净切丝；金针菇洗净；木耳泡发切丝；小葱洗净切段；干红辣椒切丝。

②炒锅烧热，倒入植物油，升温至五成热时，将茭白倒入，炸至收缩呈黄色时捞出，沥油待用。

③锅内留少量油，爆香葱段、辣椒丝，倒入金针菇、瘦肉、木耳，炒至七分熟后即倒入茭白，再加入白糖、料酒、精盐及味精，翻炒均匀，装盘即成。

操作要领

如果想要肉丝入味，可提前加入生抽腌渍片刻。

营养贴士

茭白有降压、清除血液毒素的功效。

视觉享受：★★★★　味觉享受：★★★★★　操作难度：★★★

茭白金针菇

TIME 10分钟

菜品特点
茭白如玉
味道香辣

木耳炒西兰花

TIME 10分钟

菜品特点
聚绿清香

> **主料：** 西兰花 300 克，黑木耳 20 克
> **配料：** 胡萝卜 10 克，盐、菜油、鸡精各适量

视觉享受：★★★★
味觉享受：★★★
操作难度：★★★

操作步骤

①黑木耳以温水泡发后剪去黄硬蒂备用；胡萝卜洗净切成菱形；西兰花洗净，用手掰成小朵，放入开水中焯一下，然后过凉水，控干水分备用。
②锅中热油，倒入黑木耳翻炒，再倒入西兰花、胡萝卜翻炒，加入盐调味。
③最后加入鸡精，炒匀即可。

操作要领

焯西兰花，可以加少许盐或植物油，以保持其碧绿色泽。

营养贴士

木耳中营养物质的含量要明显高于其他食物，特别是黑木耳，其蛋白质含量与肉类相当，铁、钙含量则远远高于肉类。

视觉享受：★★★　味觉享受：★★★★　操作难度：★★

云南小瓜炒茶树菇

TIME 15 分钟

菜品特点
菜野味醇
营养丰富

> **主料：** 茶树菇 200 克，云南小瓜 1 个
> **配料：** 红辣椒 1 个，蒜 1 头，植物油、食盐、麻油各适量

操作步骤

①茶树菇去根洗净，锅中添水，加入 1/2 匙盐，倒入茶树菇烧煮约 3 分钟。

②云南小瓜去皮切条；蒜剥皮，切末；红辣椒切长条。

③锅中倒油，油热后倒入蒜末、红辣椒炒香，倒入瓜条翻炒，再倒入煮好的茶树菇炒匀，加食盐调味，最后淋入麻油即可。

操作要领

挑选茶树菇时，要挑粗细、大小一致的茶树菇。

营养贴士

茶树菇，又名茶新菇，是集高蛋白、低脂肪、低糖分等优点及保健食疗功效于一身的纯天然无公害保健食用菌。

> **主料：** 冬瓜 100 克，毛豆 50 克，草菇 20 克
> **配料：** 胡萝卜 30 克，姜末、植物油、食盐、小苏打、味精、淀粉、麻油各适量

操作步骤

①冬瓜去皮后，洗净切成方丁；胡萝卜洗净切方丁；草菇洗净后倒入锅中煮熟，然后切成 2 瓣。

②毛豆倒入开水中，加入少许小苏打焯一下，焯完冲凉水备用。

③锅中热油，倒入姜末爆香，加入冬瓜煸炒，倒入清水继续炒；待冬瓜呈半透明状时加入胡萝卜、草菇、毛豆、食盐、味精翻炒；勾少许薄芡，最后滴几滴麻油即成。

操作要领

煸炒冬瓜时，加入的清水不宜过多，少许即可。

营养贴士

本菜可以有效缓解口干舌燥等症状。

视觉享受：★★★★★　味觉享受：★★★★　操作难度：★★

草菇毛豆炒冬瓜

TIME 10 分钟

菜品特点
晶莹剔透
润脾可口

高汤猴头菇

菜品特点
菌肉鲜嫩
香郁可口

- **主料：** 水发猴头菇 350 克，香菇 50 克，油菜 30 克
- **配料：** 绍酒、葱白、生姜、精盐、味精各适量，带骨头高汤 1000 克

🥢 操作步骤

①香菇洗净；油菜洗净；猴头菇择净，用清水冲洗，控干。

②将猴头菇、香菇、油菜装入陶罐，倒入带骨头高汤、绍酒，并加入生姜、葱白、精盐调味，拌匀后放进蒸笼蒸 25 分钟。

③最后拣去葱白、生姜，调入味精即可。

视觉享受：★★★★
味觉享受：★★★★★
操作难度：★★★★

🥄 操作要领

蒸猴头菇宜选用大火。

👉 营养贴士

猴头菇性平味甘，具有健脾消食，补益五脏的功效。

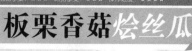

视觉享受 ★★★　味觉享受 ★★★　操作难度 ★★★★

板栗香菇烩丝瓜

TIME 20分钟

菜品特点
色彩分明
口感香软

⊃ 主料: 板栗250克，丝瓜150克

⊃ 配料: 香菇15克，精盐1小汤匙，味精、白糖各少许，水淀粉3小汤匙，鲜汤250克，调和油500克

操作步骤

①丝瓜去皮，洗净切块；香菇洗净，放入清水中浸泡，变软后捞出切条；板栗洗净，放入锅中煮8分钟，捞出再放入清水中浸泡片刻，然后捞出沥水，取肉备用。

②锅置火上，倒油烧热，四成热时下入丝瓜块煎炸，捞出沥油；继续烧油，七成热时倒入板栗肉煎炸，炸熟捞出沥油。

③锅留底油，油热后倒入板栗肉、香菇炒匀，倒入鲜汤，加精盐、白糖、味精调味，以大火烧煮，煮沸后转文火焖煮。

④板栗变软后，倒入丝瓜炒匀，最后用水淀粉勾芡即成。

操作要领 ◀◀◀

丝瓜须等板栗焖软后再下锅。

营养贴士

丝瓜具有消热化痰、凉血解毒的功效。

⊃ 主料: 山药300克，香菇50克

⊃ 配料: 青椒少许，胡萝卜100克，姜、盐各2克，酱油3克，胡椒粉1克

操作步骤

①胡萝卜洗净切花；山药洗净去皮切片；香菇洗净切块，放入加盐的水中浸泡片刻；青椒洗净切块；姜切末。

②锅置火上，倒油烧热，下姜末爆香；倒入山药、香菇、胡萝卜、青椒炒匀，倒入酱油调味。

③添入清水，以中火焖煮10分钟，直至山药煮熟，加盐和胡椒粉调味即成。

操作要领 ◀◀◀

清水不宜添加过多。

营养贴士

此菜具有增强免疫功能，延缓细胞衰老的功效。

视觉享受 ★★★★　味觉享受 ★★★★　操作难度 ★★

香菇山药

TIME 15分钟

菜品特点
色彩分明
口感清爽

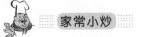

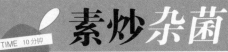
素炒杂菌

TIME 10分钟

菜品特点
菜色丰富
口味香浓

主料：鸡腿菇、白菇、香菇各 50 克

配料：枸杞 4 克，大蒜、葱段、鸡油、盐、味精、生粉、香油各适量，油菜 10 克

视觉享受：★★★
味觉享受：★★★
操作难度：★★

操作步骤

①将鸡腿菇、白菇、香菇洗净切片；油菜洗净；大蒜剥皮切片。

②锅中热油，下入蒜片、葱段煸香，倒入鸡腿菇、白菇、香菇翻炒；然后加入油菜略炒。

③加盐、味精、枸杞调味，最后用生粉勾芡，淋上香油即成。

操作要领

本菜主要以大火爆炒为主。

营养贴士

枸杞富含多种维生素和氨基酸，具有降血压和胆固醇等多种功效。

视觉享受：★★★　味觉享受：★★★★　操作难度：★★

蘑菇兔肉

TIME 10分钟

菜品特点
蘑菇软糯
鲜嫩可口

⊃ **主料：** 鲜蘑菇 350 克，兔肉 200 克

⊃ **配料：** 植物油 30 克，绍酒、醋各 1/2 大匙，精盐、味精各 1/3 小匙，葱、蒜丝、姜末各少许，淀粉适量

操作步骤

①兔肉洗净，切成肉丝；鲜蘑菇洗净，切成长条，下沸水焯烫透，捞出过凉水，沥干水分。

②炒锅上火烧热，加底油，用葱、姜、蒜炝锅，烹绍酒、醋，下兔肉，再下入蘑菇煸炒片刻，加精盐、味精，翻炒均匀，淀粉勾芡，出锅装盘即可。

操作要领

兔肉含有大脑不可或缺的卵磷脂，具有健脑的功效。

营养贴士

本菜品具有养血驻颜、红润肌肤的功效。

⊃ **主料：** 滑子菇 200 克

⊃ **配料：** 猪肉 50 克，大葱 1 棵，盐、味精、黄酒、水淀粉、色拉油各适量

操作步骤

①滑子菇清洗干净，焯水；猪肉洗净切片；葱洗净切花。

②锅置火上，放入色拉油、葱花、肉片略煸，加入滑子菇翻炒片刻，用盐、味精、黄酒调味，用水淀粉勾少许芡，翻炒装盘即可。

操作要领

水焯原料，要掌握好成熟度，勿过烂。

营养贴士

本菜品具有解毒抗癌、提高免疫力的功效。

视觉享受：★★★★　味觉享受：★★★★　操作难度：★★★

香辣滑子菇

TIME 10分钟

菜品特点
味道鲜美
滑润鲜嫩

家常小炒

酸汤菌菇

TIME 20分钟

菜品特点
鲜肉肥厚
口感细腻

主料： 海鲜菇、鸡腿菇各 100 克

配料： 青椒、红椒各 1 个，野山椒、鲜花椒、粉丝、酸汤、姜、盐各适量

视觉享受：★★★★★
味觉享受：★★★★★
操作难度：★★★★

 操作步骤

①海鲜菇、鸡腿菇洗净放入开水中焯一下；青椒、红椒去籽切小圈；野山椒切小段；姜切片。

②锅置火上，倒入酸汤，下海鲜菇、鸡腿菇、粉丝、青椒、红椒、野山椒、鲜花椒、姜片同煮，加盐调味，煮熟即可。

操作要领

如果不喜欢生姜味道，也可以不放。

营养贴士

海鲜菇低热量、低脂肪，具有提高免疫力、预防衰老的功效。

144

视觉享受：★★★★　味觉享受：★★★★　操作难度：★★

泰式焖杂菌

TIME 15分钟

菜品特点
鲜嫩清鲜
味道鲜美

主料： 白肉菇、秀珍菇、香菇、草菇各少许

配料： 食用油、姜片、鱼露、盐、冰糖各适量

操作步骤

①白肉菇、秀珍菇、香菇、草菇分别去根洗净，然后放入开水中焯一下，捞出沥干水分。
②锅置火上，倒油烧热，下姜片爆香，倒入杂菌翻炒。
③倒入清水、鱼露、冰糖、盐，盖锅盖焖煮片刻，待汤汁收干即成。

操作要领

杂菌焯水后一定要沥干水分再炒。

营养贴士

秀珍菇富含蛋白质以及人体必需的8种氨基酸，具有良好的抗病养生功效。

主料： 鲜木耳30克，大葱适量
配料： 红辣椒少许，植物油、蚝油、精盐、味精、香油各适量

操作步骤

①将鲜木耳用清水洗净，掰成小朵，放入盘子里备用；大葱洗净切段；红辣椒洗净切片。
②热锅，倒入适量的植物油，倒入木耳，倒入适量的冷开水，盖锅盖，焖煮3分钟，然后倒入适量的蚝油，加大葱、红辣椒、精盐翻炒。
③出锅前1分钟加入味精，翻炒均匀，淋上香油，装盘即可。

操作要领

选购的木耳应乌黑光润、背面呈灰白色、片大均匀、耳瓣舒展、体轻干燥、半透明、胀性好、无杂质、有清香气味。

营养贴士

本菜品具有令人肌肤红润、容光焕发的功效。

视觉享受：★★★　味觉享受：★★★　操作难度：★★

香葱炒木耳

TIME 8分钟

菜品特点
色泽艳丽
鲜香可口

 TIME 10分钟

菜品特点
色彩缤纷
香甜爽口

杞子白果炒木耳

➡ **主料：** 白果 200 克，枸杞 50 克，木耳 30 克

➡ **配料：** 红辣椒 1 个，姜 10 克，盐 1 小匙，酱油 1 小匙，植物油 30 克，味精少许

视觉享受：★★★★
味觉享受：★★★★
操作难度：★★

🔄 操作步骤

①将木耳洗净，撕成小朵；枸杞洗净备用；红辣椒洗净切片；姜切片备用。

②锅中油烧热，放入一半的姜末爆香，加入白果翻炒，调入少许水，稍焖至白果熟透盛出待用。

③锅中热油，姜片爆香，拣出。放入木耳、枸杞、辣椒翻炒片刻，用盐、酱油、味精调味，码入盘中

即可。

⚒ 操作要领

白果因有微毒，所以不宜多食，并且一定要煮透。

📖 营养贴士

本菜品具有固肾补肺、止咳平喘的功效。

视觉享受：★★★★★ 味觉享受：★★★★★ 操作难度：★★★★

糖醋香菇盅

TIME 30分钟

菜品特点
肉香味美

➡主料： 香菇20朵，猪肉200克

☞配料： 鸡蛋1个，胡萝卜、香葱各少许，香油、味精各2勺，白糖1勺，料酒、生抽各适量，生粉3勺

➷ 操作步骤

①香菇洗净；香葱洗净切碎；胡萝卜洗净切丁；猪肉洗净切碎。

②将猪肉、香葱、胡萝卜一并放入碗中，加入鸡蛋液、生粉、白糖、料酒、生抽、味精拌匀。

③锅中添水，煮沸后倒入香菇煮5分钟，捞出挤干水分。

④将拌好的猪肉捏成肉丸，放在香菇上，再放进蒸锅蒸20分钟，最后淋上香油即可。

⬤ 操作要领

如果是干香菇，一定要提前泡好。

☞ 营养贴士

香菇营养丰富，能有效缓解冠心病、高血压等心血管疾病。

➡主料： 香菇5朵

☞配料： 葱1棵，红辣椒1个，豆瓣酱、植物油、甜面酱各1大勺

➷ 操作步骤

①香菇洗净；葱洗净切粒；红辣椒洗净切粒。

②锅中放油，加入甜面酱、豆瓣酱爆香，倒入香菇、葱粒、红辣椒料翻炒，炒熟即可出锅装盘。

⬤ 操作要领

爆炒香菇时，如果锅干可以适当加入少许清水。

☞ 营养贴士

香菇富含多种氨基酸和维生素，具有健脾胃、益气血等多种功效。

视觉享受：★★★★ 味觉享受：★★★★ 操作难度：★★

酱烧香菇

TIME 10分钟

菜品特点
味道鲜美
香气泡人

 TIME 35分钟

菜品特点
肉质细嫩
鲜美可口

蒸香菇盒

➡️ **主料：**水发香菇少许，猪瘦肉50克

🔄 **配料：**松仁少许，酱油、上汤、植物油、熟猪油、生粉、葱花、香油、鸡汤、盐、味精、白糖各适量，熟火腿末10克，鸡蛋1个

视觉享受：★★★★★
味觉享受：★★★★★
操作难度：★★★★

➡️ 操作步骤

①猪瘦肉洗净剁成泥，放入碗中，加鸡蛋液、生粉、火腿末、葱花、熟猪油、盐、酱油、白糖、味精搅匀。

②锅置火上，倒入上汤，煮沸后加入洗净的香菇，煮熟后捞出，菇面向下摊平，取一半撒上生粉，将猪瘦肉馅放在上面，然后用剩下的一半香菇盖起来，最后将香菇盒放入锅中蒸约10分钟。

③锅中热油，倒入鸡汤、香菇水，加酱油、盐和味精调味，煮沸后用生粉勾芡，淋入香油，然后浇在蒸好的香菇盒上。

④锅中倒油，油热后倒入松仁炒至变黄，撒在香菇盒上即成。

🔶 操作要领

香菇水即是煮香菇时的汤汁。

👉 营养贴士

此菜香味浓郁，具有很高的营养价值。

视觉享受：★★★★ 味觉享受：★★★★ 操作难度：★★★

香菇烩芥菜

TIME 15分钟

菜品特点
汤汁肥鲜
软熟适口

- **主料：** 芥菜心1个，香菇8朵
- **配料：** 胡萝卜少许，酱油、食盐、白糖、油、葱花、芡汁各适量

操作步骤

①芥菜心洗干净；倒入锅中焯水，捞出冲凉备用；香菇泡软，洗净备用；胡萝卜洗净切片。

②坐锅点火倒入2大匙油，放入葱花煸炒出香味，加入芥菜心、香菇、胡萝卜翻炒，加入酱油、食盐、白糖调味。

③炒熟后倒入芡汁搅匀即可。

操作要领

香菇不宜炒熟，也可以先翻炒片刻，再加入其他菜同炒。

营养贴士

芥菜性温、味辛，具有开胃消食、明目利膈等功效。

- **主料：** 豆油皮、紫菜、香菇各适量
- **配料：** 山药、胡萝卜各少许，红腐乳1块，生抽、老抽各1勺，芝麻油、糖各少许

操作步骤

①山药处理干净，然后上锅蒸熟，捣成泥；一半豆油皮、紫菜分别裁成长片；另一半豆油皮切丝；香菇切丝；胡萝卜洗净切丝；红腐乳压成泥。取一空碗，加入红腐乳泥、芝麻油、生抽、老抽、糖、香菇丝、胡萝卜丝、豆油皮丝、山药泥拌匀，腌制片刻。

②将豆油皮平铺，上面铺一张紫菜，倒入腌好的杂菜，卷成卷。

③用纯棉纱布包好豆油皮卷，用绳扎紧，上屉蒸20分钟即可。

操作要领

香菇可以选用水发的或新鲜的。

营养贴士

本菜有提高免疫力、抗病防癌的功效。

视觉享受：★★★★★ 味觉享受：★★★★★ 操作难度：★★★★

紫菜香菇卷

TIME 50分钟

菜品特点
营养全面
甜咸适口

芥蓝烧什菌

TIME 8分钟

菜品特点

清脆爽口
营养丰富

▶ **主料:** 芥蓝 400 克, 鸡腿菇 350 克

▶ **配料:** 葱花、姜丝各少许, 精盐、味精、鸡精各 1/2 小匙, 白糖、淀粉各 1 小匙, 植物油 20 克

视觉享受: ★★★★★
味觉享受: ★★★★★
操作难度: ★★★★

⚡ 操作步骤

①芥蓝洗净切段, 放入加盐的开水中焯一下, 然后捞出过凉水, 沥干水分备用。

②鸡腿菇洗净切条, 放入开水中焯一下, 捞出备用。

③锅置火上, 倒入植物油, 油热后下入葱花、姜丝爆香, 倒入芥蓝、鸡腿菇翻炒, 加精盐、味精、白糖、鸡精调味, 炒熟后用淀粉勾芡, 淋入明油即成。

💧 操作要领

此菜应以旺火爆炒。

👉 营养贴士

芥蓝味甘, 性辛, 具有解毒祛风、清心明目等功效。

视觉享受：★★★★★ 味觉享受：★★★★★ 操作难度：★★★★

木耳炒黄瓜

TIME 5分钟

菜品特点
清淡爽口

主料： 黑木耳、秋黄瓜各适量

配料： 红椒、姜、蒜、盐、糖、味精、水淀粉、香油、植物油各适量

操作步骤

①秋黄瓜洗净去切段；黑木耳泡发撕条；红椒洗净切段；姜、蒜切末。

②锅中添水，煮沸后倒入黑木耳和秋黄瓜焯10秒钟。

③净锅倒油，八成热时下入姜蒜爆香，倒入焯好的木耳和秋黄瓜，加盐、糖、味精调味，最后加入少许水淀粉，淋上香油即可。

操作要领

木耳最好用手撕条，这样更容易入味。

营养贴士

黑木耳具有补血活血、镇静止痛等功效。

主料： 豆腐皮、木耳各适量

配料： 波菜少许，青椒1个，植物油、食盐、蒜各适量

操作步骤

①豆腐皮洗净，切丝；木耳泡发；波菜洗净切丝；青椒洗净切丝；蒜剥皮切末。

②锅中热油，下入蒜末爆香，倒入木耳、波菜煸炒，加入少许清水，放入豆腐皮儿炒匀。

③炒熟后加食盐调味即可。

操作要领

翻炒中加水不宜过多。

营养贴士

木耳的部分营养物质含量要明显高于其他食物，特别是黑木耳，其蛋白质含量与肉类相当，铁、钙含量则远远高于肉类。

视觉享受：★★★ 味觉享受：★★★ 操作难度：★★

木耳炒豆皮

TIME 15分钟

菜品特点
清淡适口
口感微辣

TIME 60 分钟

菜品特点
蘑菇鲜门
芋丸香嫩

蘑菇烧芋丸

> **主料：**槟榔芋 600 克，蘑菇 150 克

> **配料：**火腿肠 1 根，鸡蛋 2 个，红椒 3 克，油、盐、味精、胡椒粉、蚝油、鲜汤、干淀粉、面粉、香油、尾油、水淀粉、姜末、葱花各适量

橱窗享受：★★★
味觉享受：★★★★★
操作难度：★★★

操作步骤

①槟榔芋剥皮洗净后切小块，放进蒸笼蒸烂，捣成芋泥备用；火腿肠去皮后切碎备用；红椒切小块备用。

②在芋泥中打入鸡蛋，放入蚝油、盐、味精、姜末、火腿肠末、胡椒粉、干淀粉、面粉，倒入少量水搅匀，最后滴入几滴香油。

③将芋泥捏成芋丸，下油锅煎炸，呈金黄色时出锅。

④锅内留底油，倒入姜末、蘑菇翻炒，加入鲜汤、

盐、蚝油、芋丸熬煮，汤汁变浓时用水淀粉勾浓芡，淋上尾油出锅，最后撒上红椒、葱花即可。

操作要领

熬煮蘑菇芋丸时，一定要用小火。

营养贴士

槟榔芋富含淀粉、蛋白质和维生素等，具有解毒、散结等功效。

家常小炒

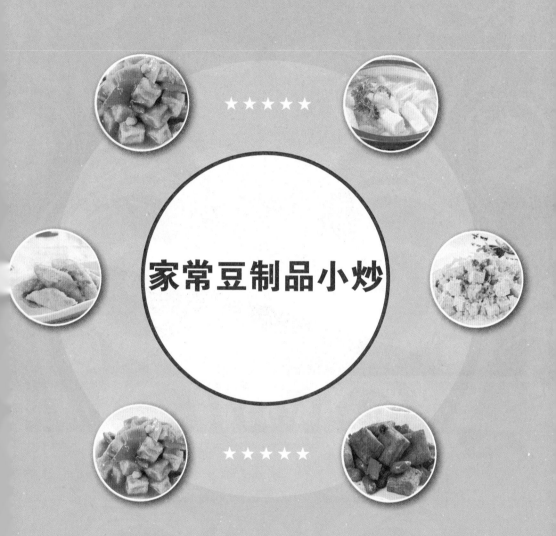

★ ★ ★ ★ ★

家常豆制品小炒

★ ★ ★ ★ ★

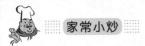

黄金炸豆腐

TIME 10分钟

菜品特点
外焦内软
咸香适中

● **主料：** 豆腐 250 克

● **配料：** 圣女果 1 个，干生粉 10 克，蒜末、葱丝各适量，植物油 200 克，蚝油 50 克

视觉享受：★★★★
味觉享受：★★★★
操作难度：★★★

 操作步骤

① 豆腐洗净切成均匀的长方块，均匀裹上干生粉。

② 锅上火，注入油烧热，放入豆腐条炸至金黄色，捞出沥油后，放入盘中。

③ 在豆腐上撒上蒜末和葱丝，蚝油煮开，淋在上面即可。

操作要领

在选择豆腐时，不宜购买太嫩的豆腐。

营养贴士

豆腐味甘性凉，入脾、胃、大肠经，具有益气和中、生津润燥、清热解毒的功效。

视觉享受：★★★ 味觉享受：★★★★★ 操作难度：★★★

烧虎皮豆腐

TIME 10分钟

菜品特点
清鲜鲜嫩
色香味美

> **主料：** 豆腐400克
>
> **配料：** 胡萝卜50克，菜心100克，味精、香油、白糖各2克，食盐、姜、蒜、生抽各5克，淀粉、高汤、植物油各适量

操作步骤

①胡萝卜洗净切成片；菜心洗净备用。

②将豆腐切条，锅中热油，煎炸豆腐至虎皮斑纹状。

③锅中留底油，下姜蒜爆香，倒入胡萝卜、菜心翻炒，加入高汤、生抽、白糖、食盐调味；片刻后加入豆腐、味精，最后用淀粉勾芡，滴几滴香油即成。

操作要领 ◀◀◀

本菜选用北豆腐为佳。

营养贴士

豆腐对提高记忆力有一定的功效。

> **主料：** 速冻带子8粒，滑豆腐4块
>
> **配料：** 蒜蓉、蛋清、豆豉各2茶匙，磨豉酱、糖各1茶匙，生粉、豆瓣酱各1/2茶匙，葱粒1汤匙，生抽、植物油各2汤匙，胡椒粉、盐、麻油各少许

操作步骤

①带子解冻，洗净后切开，加入生粉、蛋清、胡椒粉腌约5分钟；豆腐切片，排放碟内，加少许盐。

②取空碗，倒入蒜蓉、豆豉、豆瓣酱、磨豉酱拌成调味料；锅置火上，倒油烧热，然后浇在调味料碗内。

③将带子放豆腐上，再将调味料放带子上，上锅蒸约4分钟；将水、生抽、植物油、糖、生粉、麻油放入锅中煮沸，最后淋在豆腐上，撒上少许葱粒即可。

操作要领 ◀◀◀

浇调味料的油不宜过多，1汤匙为准。

营养贴士

此菜具有补中益气、清热润燥、生津止渴等功效。

视觉享受：★★★★★ 味觉享受：★★★★★ 操作难度：★★★★

豉椒带子蒸豆腐

TIME 25分钟

菜品特点
色泽诱人
软嫩可口

 TIME 10分钟

菜品特点
口味香辣
软嫩可口

 豉椒炒豆腐

🔸 **主料:** 北豆腐 250 克，红椒 2 个
🔸 **配料:** 植物油、盐、葱末、豆豉、醋、酱油、鸡精各适量

视觉享受: ★★★★★
味觉享受: ★★★★★
操作难度: ★★★★

🔹 操作步骤

①红椒洗净切小段；豆腐切丁，放入锅中炸一下备用。

②锅置火上，倒植物油烧热，下葱末、豆豉炒香，倒入豆腐丁翻炒片刻，加入红椒、盐，继续翻炒。

③炒熟后加醋、酱油、鸡精调味，炒匀即可出锅。

🔹 操作要领

豆腐最好选用北豆腐。

👉 营养贴士

豆腐富含蛋白质、脂肪、钙和镁，具有降血压、降血脂的功效。

视觉享受：★★★★ 味觉享受：★★★★ 操作难度：★★★

三鲜豆腐

TIME 13分钟

菜品特点
味道鲜美
口感柔嫩

主料：豆腐 220 克，白菜 100 克，豆芽 30 克

配料：香菜 5 克，植物油、味精、精盐、白糖、葱丝、姜丝各适量

操作步骤

①豆腐洗净切块；白菜洗净切片；豆芽、香菜洗净备用。

②锅内烧热油爆香姜丝、葱丝，加入豆腐块，加入香菜、白菜、豆芽、精盐、白糖、味精和少许水烧煮，煮沸即可。

操作要领

豆腐块不宜切太薄。

营养贴士

豆腐对高血压患者而言，每日能从中摄取足够的钙质，可减少血压上升的几率。

主料：豆腐 4 块，莲白 500 克，鲜笋 100 克

配料：干芡粉 75 克，鸡蛋清 2 个，味精 1 克，盐 2 克，胡椒 0.5 克，豆粉 20 克

操作步骤

①莲白去梗洗净，放进蒸笼微蒸，待蒸蔫时取出放凉，控干水分；豆腐倒入大碗中，加入适量干芡粉、味精、盐、胡椒搅成豆腐糁；蛋清倒入其他小碗中，加入豆粉拌匀。

②莲白平铺在墩子上，上面撒上豆腐糁，卷成圆条，最后用蛋清豆粉封口。

③将卷好的圆条放入蒸笼蒸约 5 分钟，取出晾干收汁，再裹上一层干芡粉，放入八成热的油锅中煎炸，炸至金黄色后捞起即成。

操作要领

煎炸时注意小心翻面，以防豆腐糁溢出。

营养贴士

莲白富含多种营养元素，非常适合孕妇食用。

视觉享受：★★★★ 味觉享受：★★★★★ 操作难度：★★★★

莲白豆腐卷

TIME 60分钟

菜品特点
外酥内嫩
香甜可口

桂花豆腐

TIME 15 分钟

菜品特点
豆腐细嫩
清淡适口

> **主料:** 豆腐 100 克,鸡蛋 3 个
> **配料:** 葱 1 棵,淀粉 1 大匙,食用油、盐、鸡精各适量

视觉享受: ★★★★
味觉享受: ★★★★
操作难度: ★★★

操作步骤

①豆腐切成方丁,放进锅中焯水,然后捞出沥水备用;葱洗净切花。
②向淀粉中打鸡蛋,搅拌均匀后加入盐调味。
③锅中热油,油热后将蛋液快速划炒散;加入豆腐翻炒,最后加入盐、鸡精,撒上葱花即成。

操作要领

豆腐焯过水再炸可以避免粘锅。

营养贴士

豆腐富含蛋白质,具有促进产后乳汁分泌的功效。

视觉享受：★★★★ 味觉享受：★★★★ 操作难度：★★

糖醋豆腐干

TIME 8分钟

菜品特点
色泽诱人
香嫩可口

● **主料：** 豆干4块
● **配料：** 青椒、红甜椒各1个，青豆2克，蕃茄酱1大匙，白醋1大匙，糖2大匙，盐少许，植物油适量

操作步骤

①豆干切成小方块；青椒、红甜椒去籽切片；青豆洗净备用。
②热锅，加入少许油，放入豆干炒至表面金黄。
③加入青椒、红甜椒、青豆，调入糖、盐、白醋和蕃茄酱，炒匀即可。

操作要领 ◀◀◀

糖、醋用量可依个人口味调配。

营养贴士

豆腐及豆腐制品的蛋白质含量丰富，而且豆腐蛋白属完全蛋白，丰富的大豆卵磷脂有益于神经、血管、大脑的发育生长；大豆蛋白能恰到好处地降低血脂，保护血管细胞，预防心血管疾病。

● **主料：** 北豆腐1块
● **配料：** 葱花、豆瓣酱、大蒜、糖、醋、酱油、姜、盐、植物油各适量

操作步骤 ◀●

①豆腐切成小块，入油锅煎至表面金黄；蒜、姜切末。调1小碗鱼香汁：酱油1勺、醋2勺、糖1勺调匀。
②锅烧热后倒入油，先放入姜、蒜末炒香。
③倒入豆瓣酱，炒出香味后，倒入2勺水，倒入豆腐块，炒匀。
④再倒入事先调好的鱼香汁，大火煮至收汁，撒上葱花即可。

操作要领 ◀◀◀

豆瓣酱最好事先切碎一些。

营养贴士

豆腐营养丰富，含有铁、钙、磷、镁等人体必需的多种微量元素，还含有糖类、植物油和丰富的优质蛋白，素有"植物肉"之美称。

视觉享受：★★★★★ 味觉享受：★★★★★ 操作难度：★★★★

鱼香豆腐

TIME 20分钟

菜品特点
美味可口
营养全面

炒豆腐

TIME 10分钟

菜品特点
清淡可口

- 🔛 **主料**：豆腐适量
- 🔛 **配料**：白菜少许，色拉油、食盐、大葱、姜各适量

视觉享受：★★★
味觉享受：★★★★
操作难度：★★

🔄 操作步骤

①大葱洗净切花；姜切末；豆腐切小块；白菜洗净切碎。

②锅置火上，倒入色拉油，下入葱花、姜末爆香，倒入豆腐、白菜翻炒。

③加入食盐调味即可出锅。

🔲 操作要领

在翻炒豆腐时，可以适当倒些油，以防粘锅。

🔲 营养贴士

豆腐营养丰富，可以预防骨质疏松、老年痴呆等症状。

视觉享受：★★★★ 味觉享受：★★★★ 操作难度：★★★

香干炒腊肉

TIME 20分钟

菜品特点
肉香不腻
味道微咸

● 主料： 腊肉 200 克，香干 100 克
● 配料： 蒜苗适量，豆瓣酱 1 大匙，盐适量，生抽 1 大匙，料酒 1 大匙，糖 1/2 大匙，油适量

操作步骤

①腊肉上锅蒸一下，水开后，10 分钟即可，然后切片待用；香干切细条，待用；蒜苗洗净切段，待用。
②锅里放油，加豆瓣酱，小火炒出红油，放入腊肉片，变色煸出油后，放入香干，翻炒均匀，加生抽、料酒、盐、糖、翻炒均匀，出锅前放入蒜苗，快炒几下，即可出锅。

操作要领

豆瓣酱有咸味，放盐的时候要注意。

营养贴士

香干的营养价值不低于牛奶，且具有清热、润燥、生津、解毒、补中、宽肠、降浊的功效。

● 主料： 菠萝半个，豆腐 1 块
● 配料： 香菜少许，橄榄油、番茄酱、味精、青豆、淀粉各适量，葱半根，姜汁数滴，盐、白砂糖各 1 小勺

操作步骤

①菠萝去皮切块，放入盐水中浸泡片刻，然后洗净备用；豆腐放入开水中焯一下，然后切块；葱洗净切段。
②取空碗，加入淀粉、豆腐块，搅拌均匀，然后下橄榄油锅煎炸，炸至金黄色捞出。
③锅留底油，下葱段、姜汁爆香，捞出葱段，倒入番茄酱煸炒，加盐、味精、白砂糖调味，倒入清水，煮沸后倒入豆腐块、菠萝块、青豆快速炒匀，点缀上香菜即可。

操作要领

豆腐块炸完要沥干油。

营养贴士

菠萝味甘、微酸、性平，具有止渴解烦、醒酒益气的功效。

视觉享受：★★★★ 味觉享受：★★★★ 操作难度：★★★

菠萝豆腐

TIME 25分钟

菜品特点
香甜可口

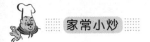

家常小炒

煎炒豆腐

TIME 15分钟

菜品特点
外观漂亮
味道独特

● **主料：**豆腐 500 克
● **配料：**干辣椒、姜、蒜、香菜各少许，盐、植物油各适量

视觉享受：★★★★
味觉享受：★★★★★
操作难度：★★★

操作步骤

①豆腐洗净、切成大小差不多的长方形的块；姜、蒜切末；干辣椒、香菜切段。

②锅倒油烧热，将豆腐放入，煎至四面金黄时捞出，放在盘里待用。

③将锅洗净后倒油烧热，放入姜、蒜、干辣椒爆香，然后放入香菜和煎好的豆腐一起翻炒 2~3 分钟，最后加盐调味即可。

操作要领

因为豆腐比较易碎，所以煎的时候，翻面一定要小心，而且四个面都要煎到。

营养贴士

豆腐含有丰富的植物蛋白，有生津润燥、清热解毒的功效。

162

视觉享受：★★★★　味觉享受：★★★★　操作难度：★★★

煎豆腐烧大肠

TIME 50分钟

菜品特点
色香味美
营养滋补

○ **主料：** 北豆腐 300 克，猪大肠 400 克
○ **配料：** 葱 1 棵，干辣椒少许，酱油 10 克，料酒 15 克，盐 6 克，味精 3 克，植物油 30 克，鲜汤适量

操作步骤

①猪大肠洗净切段；豆腐切成小方块；葱洗净切段；干辣椒切段。
②锅中倒入油，烧至八成热时下豆腐煎炸，呈金黄色时捞出控油。锅中倒入清水，煮沸后倒入大肠段和炸豆腐焯一下。
③锅烧热，倒入鲜汤、大肠段、豆腐块、葱段、干辣椒、酱油、料酒烧沸，用漏勺撇去浮沫，盖锅盖炖熟，最后调入盐和味精即成。

操作要领 ◀◀◀

炖时最好以小火慢炖，这样才能更加入味。

营养贴士

大肠可以起到润燥、补虚、止渴止血的作用。

○ **主料：** 豆腐 2 块
○ **配料：** 植物油 1000 克，绍酒、酱油各 1 大匙，白糖 1/2 匙，精盐、味精各 1/3 小勺，葱、姜、花椒、大料各少许

操作步骤

①豆腐切长条；姜切片；葱洗净切花。
②锅置火上，倒油烧热，八成热时下豆腐煎炸，炸至金黄色捞出，控干油备用。
③锅中留底油，下葱花、姜片、花椒、大料爆香，烹入绍酒，加酱油、白糖调味，倒入适量清水，下豆腐块，以小火慢焖，待汤汁稠浓时加精盐、味精，最后拣去花椒、大料，收干汤汁，淋上明油即成。

操作要领 ◀◀◀

最后收汤汁时可以将小火转成大火。

营养贴士

豆腐营养丰富，具有降血压、降胆固醇等多种功效。

视觉享受：★★★★★　味觉享受：★★★★★　操作难度：★★★★

油焖豆腐

TIME 25分钟

菜品特点
软嫩味香

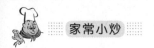

辣子香干

TIME 15分钟

菜品特点
使中带韧
成香爽口

> **主料:** 烟熏香干 250 克
>
> **配料:** 花生 50 克, 红尖椒圈 30 克, 蒜粒 5 克, 植物油、鸡精、香油各适量

概览享受: ★★★★
味觉享受: ★★★★★
操作难度: ★★★

操作步骤

①香干洗净切四方块待用。

②净锅上火, 烧油, 油温七成热时, 下入香干、红尖椒圈, 滑油, 然后倒入漏勺内待用。

③下入蒜粒炒香出味, 倒入花生、香干翻炒, 最后加入鸡精起锅装盘, 淋入香油即成。

操作要领

香干一次不宜买太多, 如果表面发黏, 请不要食用。

营养贴士

香干是豆腐的再加工制品, 有开胃爽口的功效。

视觉享受：★★★ 味觉享受：★★★★ 操作难度：★★

老干妈韭白炒香干

TIME 12分钟

菜品特点
酱香浓郁
咸辣适宜

○ **主料：** 香干3片，韭白150克

○ **配料：** 老干妈酱50克，木耳20克，盐、鸡精、植物油、鲜汤、淀粉、猪油各适量

操作步骤

①香干用花刀切片；韭白洗净切段；木耳洗净切片。
②锅内热油，六成热时，加入老干妈酱爆香，加入香干翻炒，再倒入韭白、木耳翻炒，加入盐、鸡精调味。
③倒入鲜汤煨焖，待汤汁香气浓郁时加入淀粉勾芡，最后浇上少许热猪油，装盘即成。

操作要领

煨焖时以小火为宜。

营养贴士

本菜具有养阴清热、凉血止血的功效。

○ **主料：** 老豆腐1块

○ **配料：** 小青菜少许，生抽、盐、糖、鸡精、油、韩式甜辣酱各适量

操作步骤

①小青菜洗净；老豆腐切小块。
②取空碗，加入1勺韩式甜辣酱，加入生抽、糖、盐、鸡精、水拌匀。
③锅中热油，下入豆腐，以小火煎约15分钟，煎至金黄色时倒入调好的酱汁、小青菜，转中火炖熟，最后以大火收干汤汁即成。

操作要领

根据个人口味，可以适当增加韩式甜辣酱的用量。

营养贴士

韩式甜辣酱味道香甜，可以增加食欲。

视觉享受：★★★★★ 味觉享受：★★★★★ 操作难度：★★★★

甜辣豆腐

TIME 25分钟

菜品特点
口感香辣
鲜香宜饮

韭菜辣炒五香干

TIME 10分钟

菜品特点
鲜香滑嫩
口感微辣

➡ **主料：** 烟熏香干 350 克，韭菜 100 克

👍 **配料：** 红辣椒 30 克，蒜粒 5 克，食盐、白糖、鸡精、香油、红油、植物油各适量

视觉享受：★★★★
味觉享受：★★★★
操作难度：★★★

🍳 操作步骤

①香干洗净切片待用。

②净锅上火，烧油，油温七成热时，爆香红辣椒、蒜，拣出；再下入韭菜，炒香出味，下入香干，加食盐调味，烧至入味，调入其余调味料起锅装盘，淋入香油、红油即成。

🍴 操作要领

韭菜略炒一下就熟，不宜炒太久。

👉 营养贴士

香干含有的卵磷脂可除掉附在血管壁上的胆固醇，防止血管硬化，预防心血管疾病，保护心脏。